"十二五"国家重点图书出版规划项目

中国土系志

Soil Series of China

总主编　张甘霖

上　海　卷
Shanghai

杨金玲　等　著

科学出版社

北京

内 容 简 介

《中国土系志·上海卷》在对上海市区域概况和主要土壤类型全面调查研究的基础上,进行了土壤高级分类单元土纲-亚纲-土类-亚类和基层分类单元土族-土系的鉴定和划分。本书的上篇论述区域概况、成土因素、成土过程、诊断层与诊断特性、土壤分类的发展以及本次土系调查的概况;下篇重点介绍建立的上海市典型土系,内容包括每个土系所属的高级分类单元、分布与环境条件、土系特征与变幅、对比土系、利用性能综述、参比土种和代表性单个土体以及相应的理化性质。

本书的主要读者为从事与土壤学相关的学科,包括农业、环境、生态和自然地理等的科学研究和教学工作者,以及从事土壤与环境调查的部门和科研机构人员。

图书在版编目(CIP)数据

中国土系志·上海卷/杨金玲等著. ——北京:科学出版社,2017.4
ISBN 978-7-03-048229-7

I. ①中… II. ①杨… III. ①土壤地理-中国②土壤地理-上海市
IV. ①S159.2

中国版本图书馆 CIP 数据核字(2016)第 095317 号

责任编辑:胡 凯 周 丹 王 希/责任校对:胡小洁
责任印制:张 倩/封面设计:许 瑞

科 学 出 版 社 出版
北京东黄城根北街 16 号
邮政编码:100717
http://www.sciencep.com
中国科学院印刷厂 印刷

科学出版社发行 各地新华书店经销
*

2017 年 4 月第 一 版 开本:787×1092 1/16
2017 年 4 月第一次印刷 印张:9 1/2
字数:225 000

定价:98.00 元
(如有印装质量问题,我社负责调换)

《中国土系志》编委会顾问

孙鸿烈　赵其国　龚子同　黄鼎成　王人潮
张玉龙　黄鸿翔　李天杰　田均良　潘根兴
黄铁青　杨林章　张维理　郧文聚

土系审定小组

组　长　张甘霖

成　员（以姓氏笔画为序）

王天巍　王秋兵　龙怀玉　卢　瑛　卢升高
刘梦云　杨金玲　李德成　吴克宁　辛　刚
张凤荣　张杨珠　赵玉国　袁大刚　黄　标
常庆瑞　章明奎　麻万诸　隋跃宇　慈　恩
蔡崇法　漆智平　翟瑞常　潘剑君

《中国土系志》编委会

《中国土系志·上海卷》作者名单

主要作者　杨金玲

参编人员　张甘霖　李德成　黄　标　赵玉国

　　　　　　　刘　峰　宋效东

丛 书 序 一

土壤分类作为认识和管理土壤资源不可或缺的工具，是土壤学最为经典的学科分支。现代土壤学诞生后，近 150 年来不断发展，日渐加深人们对土壤的系统认识。土壤分类的发展一方面促进了土壤学整体进步，同时也为相邻学科提供了理解土壤和认知土壤过程的重要载体。土壤分类水平的提高也极大地提高了土壤资源管理的水平，为土地利用和生态环境建设提供了重要的科学支撑。在土壤分类体系中，高级单元主要体现土壤的发生过程和地理分布规律，为宏观布局提供科学依据；基层单元主要反映区域特征、层次组合以及物理、化学性状，是区域规划和农业技术推广的基础。

我国幅员辽阔，自然地理条件迥异，人为活动历史悠久，造就了我国丰富多样的土壤资源。自现代土壤学在中国发端以来，土壤学工作者对我国土壤的形成过程、类型、分布规律开展了卓有成效的研究。就土壤基层分类而言，自 20 世纪 30 年代开始，早期的土壤分类引进美国 C.F.Marbut 体系，区分了我国亚热带低山丘陵区的土壤类型及其续分单元，同时定名了一批土系，如孝陵卫系、萝岗系、徐闻系等，对后来的土壤分类研究产生了深远的影响。

与此同时，美国土壤系统分类（soil taxonomy）也在建立过程中，当时 Marbut 分类体系中的土系（soil series）没有严格的边界，一个土系的属性空间往往跨越不同的土纲。典型的例子是 Miami 系，在系统分类建立后按照属性边界被拆分成为不同土纲的多个土系。我国早期建立的土系也同样具有属性空间变异较大的情形。

20 世纪 50 年代，随着全面学习苏联土壤分类理论，以地带性为基础的发生学土壤分类迅速成为我国土壤分类的主体。1978 年，中国土壤学会召开土壤分类会议，制定了依据土壤地理发生的"中国土壤分类暂行草案"。该分类方案成为随后开展的全国第二次土壤普查中使用的主要依据。通过这次普查，于 20 世纪 90 年代出版了《中国土种志》，其中包含近 3000 个典型土种。这些土种成为各行业使用的重要土壤数据来源。限于当时的认识和技术水平，《中国土种志》所记录的典型土种依然存在"同名异土"和"同土异名"的问题，代表性的土壤剖面没有具体的经纬度位置，也未提供剖面照片，无法了解土种的直观形态特征。

随着"中国土壤系统分类"的建立和发展，在建立了从土纲到亚类的高级单元之后，建立以土系为核心的土壤基层分类体系是"中国土壤系统分类"发展的必然方向。建立我国的典型土系，不但可以从真正意义上使系统完整，全面体现土壤类型的多样性和丰富性，而且可以为土壤利用和管理提供最直接和完整的数据支持。

在科技部基础性工作专项项目"我国土系调查与《中国土系志》编制"的支持下，以中国科学院南京土壤研究所张甘霖研究员为首，联合全国二十多大学和相关科研机构的一批中青年土壤科学工作者，经过数年的努力，首次提出了中国土壤系统分类框架内较为完整的土族和土系划分原则与标准，并应用于土族和土系的建立。通过艰苦的野外工作，先后完成了我国东部地区和中西部地区的主要土系调查和鉴别工作。在比土、评土的基础上，总结和建立了具有区域代表性的土系，并编纂了以各省市为分册的《中国土系志》，这是继"中国土壤系统分类"之后我国土壤分类领域的又一重要成果。

作为一个长期从事土壤地理学研究的科技工作者，我见证了该项工作取得的进展和一批中青年土壤科学工作者的成长，深感完善这项成果对中国土壤系统分类具有重要的意义。同时，这支中青年土壤分类工作者队伍的成长也将为未来该领域的可持续发展奠定基础。

对这一基础性工作的进展和前景我深感欣慰。是为序。

中国科学院院士

2017 年 2 月于北京

丛 书 序 二

　　土壤分类和分布研究既是土壤学也是自然地理学中的基础工作。认识和区分土壤类型是理解土壤多样性和开展土壤制图的基础，土壤分类的建立也是评估土壤功能，促进土壤技术转移和实现土壤资源可持续管理的工具。对土壤类型及其分布的勾画是土地资源评价、自然资源区划的重要依据，同时也是诸多地表过程研究所不可或缺的数据来源，因此，土壤分类研究具有显著的基础性，是地球表层系统研究的重要组成部分。

　　我国土壤资源调查和土壤分类工作经历了几个重要的发展阶段。20 世纪 30 年代至 70 年代，老一辈土壤学家在路线调查和区域综合考察的基础上，基本明确了我国土壤的类型特征和宏观分布格局；80 年代开始的全国土壤普查进一步摸清了我国的土壤资源状况，获得了大量的基础数据。当时由于历史条件的限制，我国土壤分类基本沿用了苏联的地理发生分类体系，强调生物气候带的影响，而对母质和时间因素重视不够。此后虽有局部的调查考察，但都没有形成系统的全国性数据集。

　　以诊断层和诊断特性为依据的定量分类是当今国际土壤分类的主流和趋势。自 20 世纪 80 年代开始的"中国土壤系统分类"研究历经 20 多年的努力构建了具有国际先进水平的分类体系，成果获得了国家自然科学二等奖。"中国土壤系统分类"完成了亚类以上的高级单元，但对基层分类级别——土族和土系——仅仅开始了一些样区尺度的探索性研究。因此，无论是从土壤系统分类的完整性，还是土壤类型代表性单个土体的数据积累来看，仅仅高级单元与实际的需求还有很大距离，这也说明进行土系调查的必要性和紧迫性。

　　在科技部基础性工作专项的支持下，自 2008 年开始，中国科学院南京土壤研究所联合国内 20 多所大学和科研机构，在张甘霖研究员的带领下，先后承担了"我国土系调查与《中国土系志》编制"（项目编号 2008FY110600）和"我国土系调查与《中国土系志（中西部卷）》编制"（项目编号 2014FY110200）两期研究项目。自项目开展以来，近百名项目参加人员，包括数以百计的研究生，以省区为单位，依据统一的布点原则和野外调查规范，开展了全面的典型土系调查和鉴定。经过 10 多年的努力，参加人员足迹遍布全国各地，克服了种种困难，不畏艰辛，调查了近 7000 个典型土壤单个土体，结合历史土壤数据，建立了近 5000 个我国典型土系；并以省区为单位，完成了我国第一部包含 30 分册、基于定量标准和统一分类原则的土系志，朝着系统建立我国基于定量标准的基层分类体系迈进了重要的一步。这些基础性的数据，无疑是我国自第二次土壤普查以来重要的土壤信息来源，相关成果可望为各行业、部门和相关研究者，特别是土壤质量提升、土地资源评价、水文水资源模拟、生态系统服务评估等工作提供最新的、系统的数据支撑。

我欣喜于并祝贺《中国土系志》的出版,相信其对我国土壤分类研究的深入开展、对促进土壤分类在地球表层系统科学研究中的应用有重要的意义。欣然为序。

中国科学院院士

2017 年 3 月于北京

丛 书 前 言

　　土壤分类的实质和理论基础，是区分地球表面三维土壤覆被这一连续体发生重要变化的边界，并试图将这种变化与土壤的功能相联系。区分土壤属性空间或地理空间变化的理论和实践过程在不断进步，这种演变构成土壤分类学的历史沿革。无论是古代朴素分类体系所使用的颜色或土壤质地，还是现代分类采用的多种物理、化学属性乃至光谱（颜色）和数字特征，都携带或者代表了土壤的某种潜在功能信息。土壤分类正是基于这种属性与功能的相互关系，构建特定的分类体系，为使用者提供土壤功能指标，这些功能可以是农林生产能力，也可以是固存土壤有机碳或者无机碳的潜力或者抵御侵蚀的能力，乃至是否适合作为建筑材料。分类体系也构筑了关于土壤的系统知识，在一定程度上厘清了土壤之间在属性和空间上的距离关系，成为传播土壤科学知识的重要工具。

　　毫无疑问，对土壤变化区分的精细程度决定了对土壤功能理解和合理利用的水平，所采用的属性指标也决定了其与功能的关联程度。在大陆或国家尺度上，土纲或亚纲级别的分布已经可以比较准确地表达大尺度的土壤空间变化规律。在农场或景观水平，土壤的变化通常从诊断层（发生层）的差异变为颗粒组成或层次厚度等属性的差异，表达这种差异正是土族或土系确立的前提。因此，建立一套与土壤综合功能密切相关的土壤基层单元分类标准，并据此构建亚类以下的土壤分类体系（土族和土系），是对土壤变异精细认识的体现。

　　基于现代分类体系的土系鉴定工作在我国基本处于空白状态。我国早期（1949 年以前）所建立的土系沿用了美国系统分类建立之前的 Marbut 分类原则，基本上都是区域的典型土壤类型，大致可以相当于现代系统分类中的亚类水平，涵盖范围较大。“中国土壤系统分类”研究在完成高级单元之后尝试开展了土系研究，进行了一些局部的探索，建立了一些典型土系，并以海南等地区为例建立了省级尺度的土系概要，但全国范围内的土系鉴定一直未能实现。缺乏土族和土系的分类体系是不完整的，也在一定程度上制约了分类在生产实际中特别是区域土壤资源评价和利用中的应用，因此，建立“中国土壤系统分类”体系下的土族和土系十分必要和紧迫。

　　所幸，这项工作得到了国家科技基础性工作专项的支持。自 2008 年开始，我们联合国内 20 多所大学和科研机构，先后组织了“我国土系调查与《中国土系志》编制”（项目编号 2008FY110600）和“我国土系调查与《中国土系志（中西部卷）》编制”（项目编号 2014FY110200）两期研究，朝着系统建立我国基于定量标准的基层分类体系迈近了重要的一步。自项目开展以来，近百名项目参加人员，包括数以百计的研究生，以省区为单位，依据统一的布点原则和野外调查规范，开展了全面的典型土系调查和鉴定。经过 10 多年的努力，参加人员足迹遍布全国各地，克服了种种困难，不畏艰辛，调查了近7000 个典型土壤单个土体，结合历史土壤数据，建立了近 5000 个我国典型土系，并以省区为单位，完成了我国第一部基于定量标准和统一分类原则的土系志。这些基础性的数据，无疑是自我国第二次土壤普查以来重要的土壤信息来源，可望为各行业部门和相关研究者提供最新的、系统的数据支撑。

项目在执行过程中，得到了两届项目专家小组和项目主管部门、依托单位的长期指导和支持。孙鸿烈院士、赵其国院士、龚子同研究员和其他专家为项目的顺利开展提供了诸多重要的指导。中国科学院前沿科学与教育局、科技促进发展局、中国科学院南京土壤研究所以及土壤与农业可持续发展国家重点实验室都持续给予关心和帮助。

值得指出的是，作为研究项目，在有限的资助下只能着眼主要的和典型的土系，难以开展全覆盖式的调查，不可能穷尽亚类单元以下所有的土族和土系，也无法绘制土系分布图。但是，我们有理由相信，随着研究和调查工作的开展，更多的土系会被鉴定，而基于土系的应用将展现巨大的潜力。

由于有关土系的系统工作在国内尚属首次，在国际上可资借鉴的理论和方法也十分有限，因此我们对于土系划分相关理论的理解和土系划分标准的建立上肯定会存在诸多不足乃至错误；而且，由于本次土系调查工作在人员和经费方面的局限性以及项目执行期限的限制，文中错误也在所难免，希望得到各方的批评与指正！

张甘霖

2017 年 4 月于南京

前　言

2008年起，在国家基础性工作专项"我国土系调查与《中国土系志》编制"（2008FY110600）支持下，由中国科学院南京土壤研究所牵头，联合全国16所高等院校和科研单位，开展了我国东部地区黑、吉、辽、京、津、冀、鲁、豫、鄂、皖、苏、沪、浙、闽、粤、琼16个省（直辖市）基于中国系统分类的基层单元土族-土系的系统性调查研究。本书是该项研究的成果之一，也是继20世纪80年代我国第二次土壤普查后，有关上海市土壤调查与分类方面的最新成果。

上海市土系调查研究覆盖了本市除建城区以外的区域，经历了基础资料与图件收集整理、代表性单个土体布点、野外调查与采样、室内测定分析、高级单元土纲-亚纲-土类-亚类的确定、基层单元土族-土系划分与建立等过程，共调查了 53 个典型土壤剖面，测定分析了近 300 个分层土样，拍摄了近 200 张景观、剖面和新生体等照片，最后共划分出 19 个土族，建立了 48 个土系。

本书中单个土体布点依据"空间单元（地形、母质、利用）＋历史土壤图＋内部空间分析（模糊聚类）＋专家经验"的方法，土壤剖面调查依据项目组制定的《野外土壤描述与采样手册》，土样测定分析依据《土壤调查实验室分析方法》，土纲-亚纲-土类-亚类高级分类单元的确定依据《中国土壤系统分类检索》（第三版），基层分类单元土族-土系的划分和建立依据项目组制定的《中国土壤系统分类土族和土系划分标准》。

本书是一本区域性土壤专著，全书共两篇分七章。上篇（第1~3章）为总论，主要介绍上海市的区域概况、成土因素与成土过程特征、土壤诊断层和诊断类型及其特征、土壤分类简史等；下篇（4~7章）为区域典型土系，详细介绍所建立的典型土系，包括分布与环境条件、土系特征与变幅、代表性单个土体形态描述、对比土系、利用性能综述和可作为近似参比的土种以及相应的理化性质等。

上海市土系调查工作的完成与本书的定稿，同样也包含着老一辈专家、同仁和研究生的辛勤劳动。谨此特别感谢龚子同先生和杜国华先生在本书编撰过程中给予了悉心指导！感谢李德成、章明奎和袁大刚的审阅和项目组各位专家和众位同仁多年来的温馨合作和热情指导！感谢参与野外调查、室内测定分析、土系数据库建设的各位同仁和研究生！在土系调查和本书写作过程中参阅了大量资料，特别是参考和引用了《上海土壤》第二次土壤普查资料，在此一并表示感谢！

受时间和经费的限制，本次土系调查不同于全面的土壤普查，而是重点针对典型土系。虽然分布覆盖了上海全域，但由于自然条件复杂、农业利用多样，相信尚有一些土系还没有被观察和采集，尤其是城市土壤的土系，本次调查尚未涉及。因此本书对上海市的土系研究而言，仅是一个开端，新的土系还有待今后的充实。另外，由于作者水平有限，不足之处在所难免，希望读者给予指正。

杨金玲

2016 年 12 月

目　录

上篇　总　论

下篇　区域典型土系

上篇　总　　论

第1章　区域概况与成土因素

1.1　区 域 概 况

1.1.1　地理位置

上海市地处东经 120°52′～122°12′，北纬 30°40′～31°53′，长江三角洲前缘，长江和黄浦江入海汇合处。上海市北枕万里长江，东濒浩瀚东海，南邻杭州湾（含大、小金山），西与江苏的苏锡常地区毗邻，西南与浙江杭嘉湖地区接界，南北长约 120 km，东西宽约100 km。根据上海市统计局 2013 年的统计资料，全市土地总面积为 6340.5 km²，其中崇明岛面积 1185.5 km²，是我国的第三大岛，另有长兴、横沙两岛与崇明岛同属崇明县所辖。

上海属亚热带海洋性季风气候，温和湿润，四季分明，春秋较短，冬夏较长。大地构造上属江南古陆的东北延伸地带，上海成陆面积的大部分是近 2000 年来泥沙冲积而成的三角洲平原，其地势总体呈现由东向西低微倾斜，低平坦荡，平均海拔为 4 m 左右，最低是崇明和浦东新区沿海一带，海拔为–1 m 左右；最高海拔点为大金山岛主峰，海拔103.4 m。上海市境内河湖众多，水网密布，河网大多属黄浦江水系，主要有黄浦江及其支流苏州河、川扬河、淀浦河等。

上海市地理位置和自然条件优越，交通便利，经济发达，是中国第一大城市，国际顶尖的经济、金融、航运和贸易中心，中国最大的港口城市和工业基地；也是中国第一大经济圈——长江三角洲经济圈的龙头。

上海市的行政区划历经多次变动，从滨海渔村到南宋咸淳三年（1267 年）设立上海镇，1292 年设立上海县，1927 年正式设立上海市。截至 2012 年底，全市共辖 16 区 1县，其中上海市区内含有 8 个区（图 1-1）。

1.1.2　土地利用

1）土地利用现状

根据 2005 年的土地利用图，整个上海地区耕地面积 3317.1 km²，约占整个上海市面积的一半，其中近 90%为水田；其次是城区面积约占整个上海市的 1/3；林地和草地所占的比例较小（图 1-2）。由于上海位于长江三角洲前缘，气候温和，水热资源丰富，因此上海土地利用有以下特点。

（1）土地利用率高。长期以来上海各用地部门通过各种途径提高土地的利用率和利用效益，而且采用多种方法加速利用成陆过程中的土地后备资源。在城市经济高速发展的影响下，全市陆域土地资源已几乎全部利用。

（2）土地肥沃，宜农耕地比例高。上海地区为沿江滨海，地势坦荡低平，气候温暖

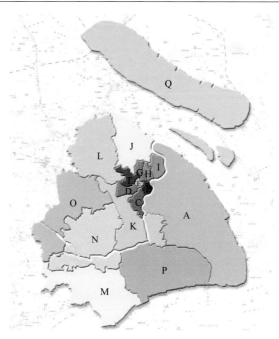

图 1-1　上海市行政区划（2012 年）

A. 浦东新区；B. 黄浦区；C. 徐汇区；D. 长宁区；E. 静安区；F. 普陀区；G. 闸北区；H. 虹口区；

I. 杨浦区；J. 宝山区；K. 闵行区；L. 嘉定区；M. 金山区；N. 松江区；O. 青浦区；P. 奉贤区；Q. 崇明县

资料来源：中国上海，www.shanghai.gov.cn

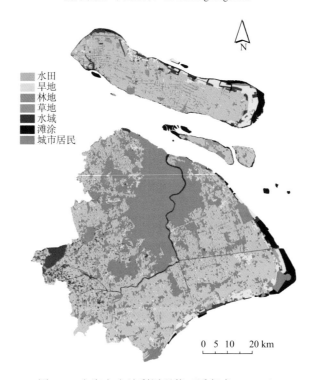

图 1-2　上海市土地利用现状（潘贤章，2005）

湿润，土壤肥沃，耕地复种指数高，平均达 165%。优越的自然条件为上海郊区土地资源的开发利用提供了有利的自然基础，也为上海农业多样性发展提供了条件。

（3）滩涂资源丰富。上海的江、海岸线长达 448.7 km，其中 30%的岸线属于淤涨岸段。长江每年裹挟着巨量的泥沙，在长江口和杭州湾北岸沉淀淤积，这为上海的滩涂发育提供了基础。

由于上海市经济发达，城市扩张快，土地利用的主要问题是：①土地资源总量有限，后备资源不多，供求矛盾日趋尖锐。②农用地减少，耕地生态环境质量下降。根据农业部门统计，1981～1996 年的 15 年间，全市农业用地减少 923.2 km^2，平均每年减少61.5 km^2。③土地利用的结构和布局不够合理。林地比例过低，发展林业的潜力尚未充分发挥。

2）土地利用变化

上海市 1987～2007 年土地利用变化情况见图 1-3。根据周睿等（2013）的研究，1987～2007 年上海市城镇年均扩展速度为 70.92 km^2/a，扩展强度指数为 13.2%（表 1-1）。其中，在 1987～1999 年时段内发展相对缓慢，而在 1999～2003 年间上海市城镇扩展速度大大加快，扩展速度达 140.58 km^2/a，是 1987～1999 年扩展速度的 3 倍以上，扩展强度指数达到 14.1%，在 2003～2007 年增长速度保持稳步增长。可见，上海城镇扩展在 1999 年之后呈急剧上升趋势。

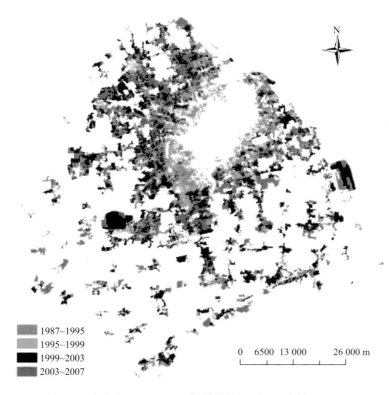

图 1-3　上海市 1987～2007 年城镇扩展图（周睿等，2013）

表 1-1 不同时段上海市城镇扩展情况（周睿等，2013）

时段	扩展面积/km^2	扩展速度/（km^2/a）	扩展强度指数/%
1987～1995 年	274.8	34.3	6.2
1995～1999 年	169.8	42.4	5.1
1999～2003 年	562.3	140.6	14.1
2003～2007 年	411.5	102.9	6.6
1987～2007 年	1418.4	70.9	13.2

1.1.3 社会经济基本情况

1）社会经济

根据 2014 年上海市国民经济和社会发展统计公报，全年实现生产总值（GDP）$2.01×10^{12}$ 元。其中，第一产业增加值 $1.28×10^{10}$ 元，第二产业增加值 $7.91×10^{11}$ 元，第三产业增加值 $1.21×10^{12}$ 元，按常住人口计算的上海市人均生产总值为 $8.5×10^4$ 元[①]。

全年全市实现农业总产值 $3.21×10^{10}$ 元。其中，种植业 $1.71×10^{10}$ 元，林业 $8.9×10^8$ 元，牧业 $7.26×10^9$ 元，渔业 $5.78×10^9$ 元，农林牧渔服务业 $1.03×10^9$ 元，上海域外市属农场实现农业总产值 $1.61×10^9$ 元。全年全市粮食播种面积 $1.88×10^3$ km^2，粮食产量 $1.22×10^6$ t，水产品产量 $2.72×10^5$ t。

2）人口状况

根据上海市 2010 年第六次全国人口普查主要数据公报，全市常住人口为 $2.30×10^7$ 人，其中外省市来沪常住人口为 $8.98×10^6$ 人。由表 1-2 可知，上海市非农人口长期呈稳步增长状态，尤其是 2003～2007 年间增长幅度非常大。在整个研究时段，上海城市扩展弹性系数为 6.25，远高于合理值。这一方面和上海市经济发达，有足够的资金支持城镇扩展有关；另一方面，上海市有超过 500 万的外来务工人员在城市化过程中发挥了巨大作用，但是统计中并没有将这部分计算在非农业人口中（周睿等，2013）。

表 1-2 不同时段上海市城市人口变化和扩展弹性系数

时段	非农人口年均增长百分比/%	扩展弹性系数
1987～1995 年	1.51	4.10
1995～1999 年	1.04	4.91
1999～2003 年	1.48	9.50
2003～2007 年	2.98	2.21
1987～2007 年	2.23	6.25

3）交通状况

上海已形成由铁路、水路、公路、航空、管道 5 种运输方式组成的，具有超大规模

---

① 资料来源：中国上海统计，www.stats-sh.gov.cn

的综合交通运输网络。市内已形成了由地面道路、高架道路、越江隧道和大桥以及地铁、高架式轨道交通组成的立体型市内交通网络。高铁线路包括京沪高铁、沪宁城际高铁和沪杭高铁，普铁线路包括京沪铁路和沪杭铁路。机场港口包括虹桥机场、浦东机场，主要航线覆盖 90 余个国际（地区）城市、62 个国内城市。全市共有 47 个客运站，长途班线 1611 条，可抵达全国 14 个省市的 660 个地方。上海港拥有各类码头泊位 1140 个，其中万吨级以上生产泊位 171 个，码头线总长为 91.6 km。

4）旅游资源

上海不仅是历史文化名城，而且是中国较早的开放城市之一，50 多年的艰苦发展，特别是浦东的开发、开放，使上海逐渐成为现代化大都市及海内外投资的热点城市。人文景观、自然景观、历史遗迹和高速现代化使其以独有的风韵吸引着无数的中外游客。

1.2 成 土 因 素

1.2.1 气候

上海市地处亚热带季风盛行地区，受太平洋湿热气团和西伯利亚冷气团交替控制。其主要特征是冬冷夏热、四季分明；雨热同季，降水充沛；光热协调，日照较多。根据"国家级基本资源与环境遥感动态信息服务体系"所提供的"生态环境背景层面温度（96-B02-01）"数据所绘制的上海地区的年均气温（1981～1996 年）分布图，上海地区西北部气温最低 15.1℃，东南部最高 16.0℃，南北最大温差不到 1℃（图 1-4）。

土壤与大气之间热量平衡随季节和深度而变化。土壤是个导热体，土壤温度变化，主要受地表热量收支的盈亏所制约。土壤温度影响着植物的生长、发育和土壤的形成及土壤中各种生物化学过程。与农业生产关系密切的是浅层（0～10 cm）的土温。土壤温度随地形、土壤水分、耕作条件、天气及作物覆盖等影响而变化。土壤温度的季节性变化非常明显，区域土壤温度变化与纬度、气温和降水有关，在温带区域气温是土壤温度变化的主要影响因素，而在亚热带湿润区域土壤温度的季节变化受到气温和降水的共同作用（张慧智等，2009）。

在土壤系统分类中把 50 cm 深度处年均土壤温度作为分异特性用于不同分类级别的区分（龚子同等，1999）。由于 50 cm 深度处土壤的温度难以测定，缺少实测的数据。目前推算土壤温度的方法有 3 种：经验法、气温推算、纬度和海拔推算。以往根据经验，某个点位 50 cm 深度年均土壤温度一般比年均气温高 1～3℃（龚子同，1993）；气温推算的公式为 $y=2.9001+0.9513x$（$r=0.989$**）（冯学民和蔡德利，2004）；海拔 1000 m 以下，采用纬度和海拔的土壤温度推算公式为：$y = 40.9951-0.7411x_{纬度}-0.0007x_{海拔}$（$r = 0.964$**）。依据以上三种方法推算出的上海市 50cm 深度土温均介于 16～19℃，在土族中属于热性温度状况。

上海地区的降水量分布为西北低（年均 1077.7 mm）、西南高（年均 1264.8 mm）（图 1-5）。据 2003～2012 年气象资料统计，上海地区的最小年降水量为 903 mm，最大为 1513 mm，年均降水量为 1222 mm（表 1-3）。降水分布比较集中，主要是春雨、梅雨和秋雨。春雨约占全年降水量的 21%，夏季雨约占全年降水量的 34%。太阳光辐射通量，以夏季最强、冬季最弱，与温度的年变化基本一致。冬季温度低，太阳辐射收入量小；3 月气温回升，太阳辐射通量增多；6 月出现梅雨，水汽大，云量多，太阳辐射收入相对减少；7～8 月晴天多，气温高，太阳辐射最强；9 月起太阳辐射通量逐趋减少。1991～2003 年间，上海市年均相对湿度为 79%左右，年均蒸发量为 1224～1467 mm，春、夏、秋、冬季的蒸发量分别为 342 mm、497 mm、329 mm 和 157 mm。多年平均统计年均日照时数 2014 h，无霜期 230 d。

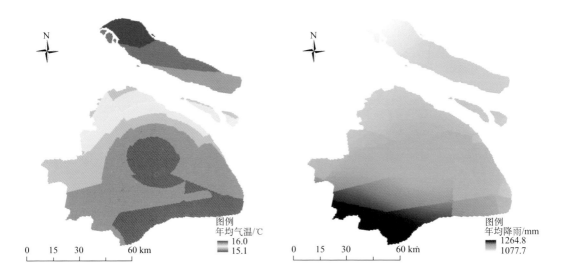

图 1-4　上海年均气温分布图　　　　　　图 1-5　上海年均降水量分布图

表 1-3　2003～2012 年上海的月均降水量

项目	1 月	2 月	3 月	4 月	5 月	6 月	7 月	8 月	9 月	10 月	11 月	12 月	全年
平均降雨量 /mm	58	90	66	89	105	103	128	182	126	34	74	49	1222
最小降雨量 /mm	16	61	43	41	38	33	65	28	45	7	42	17	903
最大降雨量 /mm	95	133	109	127	140	151	218	352	199	51	142	105	1513

1.2.2　地貌地形

1）地质

在大地构造上，上海属江南古陆的东北延伸地带，即扬子江地块边缘的一部分，新构造运动在这里主要表现出沉降运动。

上海地区的主体部分是三角洲平原，这是受地质变迁和气候变化双重作用的结果。第四纪以来上海处于较为缓慢的下沉阶段，同时古气候冷暖交替使上海频繁遭受海进海退的影响，而近代江、海、湖、河的沉积和再沉积形成了目前的平原景观。

上海地区沉积层的厚度自西南向北逐渐增加，受地质历史时期多次气候波动和冰后期海侵海退沉积的影响，出现多个不同时期的沉积相。约一万年前，冰后期气候转暖，海面上升而发生海水内侵，原来的通江河流不断被泥沙淤积。在距今约 12 000～9000 年的早全新世，境内大小河流被海侵淤积，原来成陆的地面又沉没于水下；距今 9000～7500 年的早全新世，逐趋海退成陆；距今 7500～4000 年的中全新世，稳定成陆，开始进入人类文化发展时期；距今 4000 年到现在的晚全新世，进入相对稳定的成陆时期。

2）地貌

上海的地貌主要是在全新世海侵旋回和构造沉降的同时，通过江、海、河、湖沉积共同作用，形成了现今的平原。这片平原的相对高差虽然只有 3～4 m，但地貌形态及成因不尽一致，因而仍然存在分异现象。现代沉积以西部的淀泖低地为中心，向东南逐步延伸，地势出现略见升高的趋势。从平原地貌成因的外动力条件，特别是从沉积相角度来区分，可将上海平原粗略划分为湖沼平原、沿江平原、滨海平原、沙岛平原和星散残丘五个一级地貌类型。

（1）湖沼平原。湖沼平原分布于西部的松江、金山、青浦三区境内，主要由较为封闭的碟形洼地组成。众多碟形洼地的碟底部位，地面海拔多在 3.2 m 以下，地下水位高，常在 50 cm 以上；但碟缘部位的地势稍高，地面高程以 3.8～4.0 m 居多；碟底向碟缘过渡地段，稍有微波起状，地面高程多为 3.2～3.8 m，土体渍水严重。局部有沼泽，并普遍出现埋藏泥炭层或腐泥层，具有明显的湖相沉积环境。但在泖河及湖沼洼地边缘，也常见分选较好的偏砂母质，反映了洼地内部曾遭海侵影响，因而是湖相沉积与江海沉积的交混地段。

（2）沿江平原。沿江平原分布于黄浦江两侧的上海市区及嘉定、宝山、奉贤三区境内。主要是吴淞江与黄浦江汇合的三角地带，以及浏河下侧沿江地段的冲积物。地势明显高于湖沼地区，地面高程通常为 3.0～4.0 m，地下水位多为 60～120 cm。

（3）滨海平原。滨海平原分布于嘉定、浦东新区、奉贤、金山等区境内，主要由不同时期的滨海相沉积物组成。地势高爽平缓，地面高程多为 3.0～4.0 m，地下水位都在 1.0 m 以下，其中贝壳堤或沙堤众多，呈弧形断续向外侧伸展，一般浅埋于 0.5～2.0 m 左右。

（4）沙岛平原。沙岛平原分布在长江河口的崇明、长兴、横沙、团结沙四个岛屿（团结沙现已与崇明岛相连），主要由长江水体携带的大量泥沙淤积而成。崇明岛为早期形成的河口沙岛，地面高程多为 3.5～4.0 m，但中部地势较高，局部为 4.5 m 以上，微地形起伏较明显；西南部也有部分低洼地仅 3.0 m 左右。长兴、横沙、团结沙三岛均为晚期出露成陆，地势低下，地面高程为 2.5～3.5 m。由于在平均高潮位（3.2 m）以下，地下水位为 0.5 m 左右，受潮汐影响大。

（5）星散残丘。星散残丘分布在西南部的湖沼平原上和杭州湾水域中，这些残丘多为古老的火山岩发育而成，且以孤丘拔起于坦荡平原之上或位于海域之中，成土母质为残积或坡积物。但目前由于城市发展和对土地的强烈需求，这些残丘已经很少存在，如在青浦县境内的淀山，因采石开挖几乎已被夷为平地。

1.2.3　成土母质

上海陆上部分的沉积覆盖，是不同时期江海湖河相互作用的产物。目前陆上部分的浅层沉积体，就是土壤层的发育基础。上海平原的物质来源，大部或部分是由长江提供的，部分来源于湖相沉积和海相沉积。依其内部沉积环境和母质来源的差异，上海市的成土母质类型有：湖相沉积、河湖沉积、河流冲积、江海沉积和微酸性坡残积。

1）湖相沉积

湖相沉积主要位于西部的湖沼平原，地势低洼，质地偏黏，潜育作用强，呈中性或微酸性。常见埋藏层次和铁锰新生体聚积层，埋藏层出现层状泥炭或层状腐泥，为沼泽或沼泽潜育后埋藏的。在泥炭层或腐泥层之下，常有两种情况，一是出现潜育化的青灰层段，另一是草甸化的黄斑层段。

2）河湖沉积

有两种情况，一种是均混交互沉积剖面，其剖面分异主要受渍水环境所制约，自然淋溶作用明显，仅中下层段残留少量碳酸盐。另一种是重叠交互沉积剖面，脱潜明显，有不同程度的碳酸盐反应，土体中碳酸钙相当物的含量自上而下有所增多，呈中性或微碱性。

3）河流冲积

不同时期的河流冲积层，砂泥比例不一，且多层状排列，土体内碳酸盐淋溶淀积明显，有时出现小的石灰结核。耕层有时呈中性，多数为微碱性。颗粒分选参差不一，常见水平沉积层理有一定分异。

4）江海沉积

质地砂黏不一，不同质地类型交互排列。土体有明显脱钙现象，部分上部石灰反应微弱，下部则逐渐增强。经自然淋溶而中部层段常有石灰结核，但局部也有埋藏的腐泥层或老表层，是早期地质或成陆过程后埋藏的。

5）微酸性坡残积

岩石直接风化而成，风化体厚薄不一，土色黄棕，经历了弱富铝化过程，铁、锰淋淀清晰，呈微酸性反应。目前，由于城市发展，很多残丘被夷为平地，改造为城市用地，此类母质发育的土壤类型在上海市已经非常罕见。

1.2.4　植被

上海平原人类活动频繁，天然植被多为次生。地带性植被较少，主要分布在平原极少残存的岛状山丘和海域中的孤丘上，广大平原的野生植被多为非地带性的草甸草本植物。由于农耕历史悠久，开发利用广泛，因而栽培植被已占绝对优势。

上海地区地带性植被属亚热带常绿阔叶和落叶阔叶混交林性质。常绿阔叶树种有青冈、槠、香樟、红楠、石楠、冬青、木荷等，落叶阔叶树种有化香、白栎、榉树、朴树等。上海地区的植被多以栽培植物为主。由于水气资源丰富，宜种性广，可种植种类繁多，果木林中，有枇杷、桃树、柑橘、柿子、枣树等；经济林有桑、茶等。粮食作物有水稻、麦子、玉米等；经济作物有棉花、油菜、甜高粱、西瓜、草莓、蔬菜等。

1.2.5　水文

上海市境内水系发育，河网密布，加之西部湖荡众多，东部滩涂广布，因而水域比重较大。据统计，全市水域面积约占土地总面积 17%。不仅地表水资源丰富，而且浅层地下水也非常丰富。

1）丰富的地表水资源

尽管上海地处亚热带地区，降水量较大，年降水量大于 1000 mm，但是上海境内地表水的主要来源是涌潮水，基本不受大气降水的影响。据估算，地表水的年补给量约有 $600×10^8$ m^3，其中约 80% 为长江下游涌潮水量，太湖上游来水量约占 17%，降水补给的地表径流量仅约占 3%。由于丰富的地表水资源，上海市农田灌溉条件十分便利，目前灌溉面积已为耕地面积的 98% 以上。

2）充裕的浅层地下水

浅层地下水（指离地表 1～2 m）在平原地区的埋深，一方面受地形、母质等条件的制约，另一方面又受人为灌溉的影响。因而，在一定地域范围内的补给条件也不甚一致。大致可分为低洼封闭补给型和感潮多变补给型两类。低洼封闭补给型为大小不等的碟形洼地组成，自然环境较为封闭，有利于储水，但排泄困难，主要集中分布在西部地区。感潮多变补给型受潮汐作用所控制，补给程度取决于潮汐强弱，主要分布在西部沿海地区。

1.2.6　人类活动

1）滩涂和沼泽农用改造

现代沉积土体及其农田地貌形态，在较大范围内除受自然因素作用所控制外，还长期深受人类活动的影响。20 世纪 50 年代后，上海市开始大规模地改造滩涂和沼泽，主要是开垦为水田，这一改造利用过程导致土壤由原来的正常有机土、正常潜育土、碱积盐成土的土体构型中逐渐出现了水耕表层（耕作层 Ap1 和犁底层 Ap2）和水耕氧化还原层，土壤类型逐渐演化为潜育或简育水耕人为土。

2）水退旱

上海市的水退旱主要表现在水田改为菜地和改为果园地两个方面。上海人口超过 2000 万，对蔬菜和水果的需求很大，以蔬菜为例，每年消费量超过 $530×10^4$ t，平均每天 $1.45×10^4$ t。目前，上海有常年菜地 340 km^2，其中设施菜地 170 km^2，全市逐步形成了近郊城乡接合部、杭州湾北部、黄浦江上游和崇明岛 4 个蔬菜生产区。2011 年底上海有果树面积 200 km^2，年产水果 $38.5×10^4$ t，总产值 $2.05×10^9$ 元。

根据已有的研究，水改菜地或改果园后，水耕人为土原有的犁底层逐渐被打破，铁锰胶膜、结核受矿化、淋溶和耕作的影响逐年下移，亚铁化合物也逐年下移和减少，氧化还原特征逐渐减弱（叶培韬，1985）。改为果园后，土壤类型逐步由水耕人为土转变为潮湿雏形土。而改菜地后土壤 pH 有所提高，有机质、全氮下降，但土壤碱解氮、全磷、有效磷和速效钾显著增加，有效磷负荷累积平均达到了 98 mg/kg，土壤盐分、硝态氮累积明显，出现次生盐渍化现象（林兰稳等，2009）。

第2章　成土过程与主要土层

2.1　成　土　过　程

　　土壤的形成过程是地壳表面的岩石风化体及其搬运的沉积体，受其所处环境因素的作用，形成具有一定剖面形态和肥力特征的土壤历程。其实质是矿质营养元素的地质淋溶过程与生物积累过程的矛盾统一，前者是土壤形成过程的基础，后者是土壤肥力形成和发展的支柱。上海地区土壤发育可分为两大阶段，第一阶段是自然土壤形成阶段，第二阶段是耕种土壤形成阶段。上海农业发展历史悠久，除个别沿海及湖沼低地外，土壤大多在耕种土壤发育阶段，耕种土壤主要发育为水耕人为土（傅明华等，1979）。

　　上海地区土壤形成过程中主要有有机质循环与积累过程、盐渍化过程、草甸化、沼泽化过程、潜育过程、氧化还原过程、黏化过程、弱富铝化过程和熟化过程。

2.1.1　有机质循环与积累过程

　　有机质的循环和累积在全球所有的土壤类型中均存在，但是其循环和积累受植物的枯枝落叶输入量、植物生长过程中输入土壤的根系及其分泌物，还有分解速率的影响。上海位于亚热带地区，雨热资源丰富，植物生长旺盛，自然植被下有机质的输入量大，同时分解速率也快，其累积速率小于温带地区，但是其循环速率非常快。由于上海地区林地和草地所占的比例非常小（两者合计小于上海地区总面积的3%），耕地约占一半，而耕地中90%为水田，因此土壤有机质的循环和累积受地带性因素的影响弱，而受人为因素的干扰强。根据2011年对上海地区农田土壤固碳潜力和速率的调查研究结果，与20世纪80年代相比，近30年来农田土壤表层20 cm范围内基本以丢碳为主，损失率为137 kg/(ha·a)，也就是其分解速率大于累积速率。

2.1.2　盐渍化过程

　　上海地区是长江冲积物与海潮作用下在江口地带沉积而成的，所有土壤特别是冈身以东的土壤都曾经历过盐渍化过程。盐渍化过程包括积盐和脱盐这相互矛盾而又相互联系的两方面。

　　滨海区域因经常受到海水影响的土壤积盐过程占主导地位。就盐分组成而言，主要是 Cl^-、K^+ 和 Na^+，其次是 SO_4^{2-}、Mg^{2+} 和 Ca^{2+}，最少是 HCO_3^-，所以土壤盐分以 NaCl 为主（占80%以上）。上海地区属亚热带湿润季风气候，年降水量大于蒸发量，土壤水分比较充足，有利于土壤盐分的自然淋溶过程。所以沿海滩地一经筑堤，隔绝了海水的浸淹后，盐土就可朝自然脱盐的方向发展。

　　滨海地带由于脱离海水影响时间不久，土壤含盐分较高，可达 0.3%～0.4%。由东向西到内陆，土壤均已达到脱盐程度，在冈身地带，土壤含盐量<0.05%，地下水矿化

度自东向西也有同样趋势，由＞4 g/L 降到＜1 g/L 左右。

　　土壤积盐和脱盐过程可以在自然条件下进行，也可在人为措施的影响下进行。在人为控制下脱盐过程的速度可大大加快，所以人们可以通过一系列的改良措施，使土壤盐分淋失，提高土壤熟化程度。

2.1.3　草甸化过程

　　草甸化过程是指在较浅的地下水埋深和草甸植被条件下，季节性氧化还原交替过程和草甸植被的腐殖质积累过程的综合成土过程。上海属亚热带季风气候，温暖湿润，四季分明，自然植被生长茂盛，因此在冈身以东地区，土壤经自然脱盐过程，即进入草甸化过程。地下水位在雨季抬高，而在干旱季节又降低，一般在 80～120 cm，在湿润和干旱交替的影响下，土壤中铁锰化合物发生移动和局部淀积，在土壤剖面中出现锈斑和铁锰结核。腐殖化作用也比较强烈，表土常为富含腐殖质的草甸层，一般有机质含量在 20～30 g/kg。在腐殖质层下面为淋溶淀积层（或称斑纹层），颜色较浅，以棕色或黄棕色为主，有大量锈纹锈斑及铁锰结核分布，而且垂直节理明显，胶膜发达，潜育特征层一般出现在 100～120 cm 或以下。

2.1.4　沼泽化过程

　　沼泽化过程是在长期淹水条件下，土壤中进行的强烈还原过程。冈身以西淀泖洼地原是古太湖一部分，以后泥沙沉积，湖水逐渐退却，水面缩小形成现在低地，由于地势低洼，地下水位很高，土壤处在嫌气状况下，还原环境，使腐殖质大量累积，一般土壤有机质含量均在 40 g/kg 以上，甚至高达 70 g/kg。该区域土壤下部，东起冈身旁的凤溪、徐泾、新桥、朱桥、山阳一线，西到沈巷、练塘、枫泾、吕巷、金卫一带，普遍发现埋藏古代土壤腐殖质累积层——泥炭层分布。

2.1.5　潜育过程

　　潜育化过程是土壤长期渍水，有机质嫌气分解，而铁锰强烈还原，形成灰蓝-灰绿色土体的过程。在土壤潜育化发生的过程中存在强烈的土壤还原过程和有机质的累积与分解。因为在渍水情况下，伴有有机质的嫌气分解才能发生潜育作用。上海地势低洼，尤其是西部湖积母质区域，底部土壤长期水分饱和，加之沼泽生长的植被体和根系存在，在土壤上部腐殖化的同时，下部土层进行潜育化，由于还原淋洗作用，土壤剖面以青灰色为主，铁锈斑点较少，潜育特征层较高。由于这些低洼区域目前大多被开垦为稻田，经过几十年的种植利用，已经发育为水耕人为土。因此，虽然具有潜育特征层，但不是潜育土，而是以潜育水耕人为土和底潜简育水耕人为土存在。仅在江海边缘新围堤内的滩涂区域，由于植被的生长和长期淹水作用下，存在少量的潜育土。

2.1.6　氧化还原过程

　　氧化还原过程分为旱耕氧化还原过程和水耕氧化还原过程，前者是在旱耕情况下地下水受降雨影响而雨升旱降，后者是由于水稻种植的季节性人为灌溉，两者均致使土体干湿交替，引起铁锰化合物的氧化态与还原态发生变化，产生局部的移动或淀积，从而形成一个具有锈纹锈斑或铁锰结核的土层。上海地区土壤多存在氧化还原过程，该区域一半为农田，农田中近90%为水田，均存在水耕氧化还原过程。旱耕的雏形土由于高地下水位季节性上下变化，引起土体中发生强烈的氧化还原，滨海或江边的新成土由于潮水涨落的影响，土体中也存在或强或弱的氧化还原过程。因此氧化还原几乎存在于上海地区所有的土壤类型中。

2.1.7　黏化过程

黏化过程是指原生硅铝酸盐不断变质而形成次生硅铝酸盐，并由此产生的黏粒积累过程。黏化过程一般分为残积黏化、淀积黏化和残积-淀积黏化三种。上海地区主要为淀积黏化过程，主要发生在市境内的残丘地段。

2.1.8　弱富铝化过程

在亚热带生物气候条件下，土体的元素迁移和富集比较明显。其成土过程表现出盐基和硅被不断迁移，而铁、铝氧化物相对富集，称为脱硅富铝化过程。这一过程主要发生在上海市境内的残丘地段，但上海市土壤脱硅作用和铁铝富集作用均较弱，尚处于弱富铝阶段。

2.1.9　熟化过程

熟化主要指由于人类的耕作、灌溉、施肥等农业措施改良和培肥土壤的过程，包括旱耕熟化过程和水耕熟化过程，熟化过程主要表现为耕作层的容重降低、厚度增加、有机质等各类养分含量提高、结构改善、肥力和生产力提高等方面。水田占上海地区农田的近90%，水稻种植历史较久，土壤具有明显的水耕表层和水耕氧化还原层，土壤水耕熟化过程明显。上海地区的旱地比例较小，多为菜地和园地，由于大量的化肥和农家肥投入，以及蔬菜一年多季的栽种，土壤也具有旱耕熟化过程。

2.2　诊断层与诊断特性

《中国土壤系统分类检索》（第三版）设有33个诊断层、25个诊断特性和20个诊断现象（表2-1）。上海地区建立的48个土系涉及4个诊断层（淡薄表层、水耕表层、雏形层和水耕氧化还原层）、6个诊断特性（岩性特征、土壤水分状况、潜育特征、氧化还原特征、土壤温度状况和石灰性）、2个诊断现象（盐积现象和潜育现象）。

2.2.1　诊断层

诊断层（diagnostic horizons）：凡用于鉴别土壤类别（taxa）的，在性质上有一系列定量规定的特定土层，按其在单个土体中出现的部位，细分为诊断表层和诊断表下层。

表 2-1　中国土壤系统分类诊断层、诊断特性和诊断现象

诊断层			诊断特性
（一）诊断表层	（二）诊断表下层	（三）其他诊断层	1.有机土壤物质
A 有机物质表层类	1.漂白层	1.盐积层	**2.岩性特征**
1.有机表层	2.舌状层	**盐积现象**	3.石质接触面
有机现象	舌状现象	2.含硫层	4.准石质接触面
2.草毡表层	**3.雏形层**		5.人为淤积物质
草毡现象	4.铁铝层		6.变性特征
B.腐殖质表层类	5.低活性富铁层		变性现象
1.暗沃表层	6.聚铁网纹层		7.人为扰动层次
2.暗瘠表层	聚铁网纹现象		**8.土壤水分状况**
3.淡薄表层	7.灰化淀积层		**9.潜育特征**
C.人为表层类	灰化淀积现象		**潜育现象**
1.灌淤表层	8.耕作淀积层		**10.氧化还原特征**
灌淤现象	耕作淀积现象		**11.土壤温度状况**
2.堆垫表层	**9.水耕氧化还原层**		12.永冻层次
堆垫现象	水耕氧化还原现象		13.冻融特征
3.肥熟表层	10.黏化层		14.n 值
肥熟现象	11.黏磐		15.均腐殖质特性
4.水耕表层	12.碱积层		16.腐殖质特性
水耕现象	碱积现象		17.火山灰特性
D.结皮表层类	13.超盐积层		18.铁质特性
1.干旱表层	14.盐磐		19.富铝特性
2.盐结壳	15.石膏层		20.铝质特性
	石膏现象		铝质现象
	16.超石膏层		21.富磷特性
	17.钙积层		富磷现象
	钙积现象		22.钠质特性
	18.超钙积层		钠质现象
	19.钙磐		**23.石灰性**
	20.磷磐		24.盐基饱和度
			25.硫化物物质

注：加粗字体为上海市土系调查涉及的诊断层、诊断特性和诊断现象

1）诊断表层

诊断表层（diagnostic surface horizons）是指位于单个土体最上部的诊断层，并非发生层中 A 层的同义语，而是广义的"表层"，既包括狭义的 A 层，也包括 A 层及由 A

层向 B 层过渡的 AB 层。如果原诊断表层上部因耕作被破坏或受沉积物覆盖影响，则必须取上部 18 cm 厚的土壤混合土样或以加权平均值（耕作的有机表层取 0～25 cm 混合土样）作为鉴定指标。

（1）腐殖质表层

腐殖质表层（humic epipedons）是指在腐殖质积累作用下形成的诊断表层，主要用于鉴别土类和亚类一级，但暗沃表层加均腐殖质特性则是鉴别均腐土纲的依据。

①暗沃表层（mollic epipedon）。有机碳含量高或较高、盐基饱和、结构良好的暗色腐殖质表层。它具有以下条件：

a. 厚度：

（a）若直接位于石质、准石质接触面或其他硬结土层之上，为≥10 cm；或

（b）若土体层（A+B）厚度<75 cm，应相当于土体层厚度的 1/3，但至少为 18cm；或

（c）若土体层厚度≥75 cm，应≥25 cm；和

b. 颜色：具有较低的明度和彩度；搓碎土壤的润态明度<3.5，干态明度<5.5；润态彩度<3.5；若有 C 层，其干、润态明度至少比 C 层暗一个芒塞尔单位，彩度应至少低 2 个单位；和

c. 有机碳含量≥6 g/kg；和

d. 盐基饱和度（NH₄OAc 法，下同）≥50%；和

e. 主要呈粒状结构、小角块状结构和小亚角块状结构；干时不呈大块状或整块状结构，也不硬。

②暗瘠表层（umbric epipedon）。有机碳含量高或较高、盐基不饱和的暗色腐殖质表层。除盐基饱和度<50%和土壤结构的发育比暗沃表层稍差外，其余均同暗沃表层。

③淡薄表层（ochric epipedon）。发育程度较差的淡色或较薄的腐殖质表层。它具有以下一个或一个以上条件：

a. 搓碎土壤的润态明度≥3.5，干态明度≥5.5，润态彩度≥3.5；和/或

b. 有机碳含量<6 g/kg；或

c. 颜色和有机碳含量同暗沃表层或暗瘠表层，但厚度条件不能满足者。

本次调查的上海地区没有发现暗沃表层和暗瘠表层。雏形土、潜育土和新成土的腐殖质表层大多为淡薄表层，包括弱盐淡色潮湿雏形土中的芦潮系和祝桥系；石灰淡色潮湿雏形土中的亭园系、桃博园系、新海系和永南系；普通淡色潮湿雏形土中的漕镇系和高东系；弱盐简育正常潜育土中的沿港系和朱墩系；潜育潮湿冲积新成土中的屏东系。11 个含有淡薄表层土系的统计结果见表 2-2，厚度为 6～36 cm，平均值为 21 cm；pH 为 7.0～9.1，平均值为 8.0；有机质含量 4.3～54.4 g/kg，平均值 23.4 g/kg；游离氧化铁含量 12.6～33.0 g/kg，平均值 22.2 g/kg；碳酸钙相当物含量 2.8～71.8 g/kg，平均值 31.3 g/kg。大多干态颜色为 10YR6/2～6/4，润态为 10YR5/4～4/2，漕镇系的干态颜色为 2.5Y4/2，润态为 2.5Y3/2。但是与 C 层明度和彩度的对比均没有达到暗沃和暗瘠表层的标准。

表 2-2　淡薄表层的基本理化性质

项目	厚度 /cm	容重 /(g/cm³)	pH	有机质 /(g/kg)	全氮（N） /(g/kg)	全磷（P₂O₅） /(g/kg)	全钾（K₂O） /(g/kg)	阳离子交换量 /(cmol/kg)	游离氧化铁 /(g/kg)	CaCO₃ /(g/kg)
平均值*	21	1.37	8.0	23.4	1.32	2.63	26.3	11.3	22.2	31.3
最小值	6	1.23	7.0	4.3	0.33	1.37	22.4	4.4	12.6	2.8
最大值	36	1.59	9.1	54.4	2.63	5.35	29.5	17.0	33.0	71.8

* 加权平均值，下同

（2）人为表层

人为表层（anthropic epipedons）是在人类长期耕作施肥等影响下形成的诊断表层，主要是长期种植水稻形成的水耕表层。

水耕表层（anthrostagnic epipedon）。在淹水耕作条件下形成的人为表层（包括耕作层和犁底层），它具有以下全部条件：

a. 厚度≥18 cm；和

b. 大多数年份当土温>5℃时，至少有 3 个月具人为滞水水分状况；和

c. 大多数年份当土温>5℃时，至少有半个月，其上部亚层（耕作层）土壤因受水耕搅拌而糊泥化；和

d. 在淹水状态下，润态明度≤4，润态彩度≤2，色调通常比 7.5YR 更黄，乃至呈GY，B 或 BG 等色调；和

e. 排水落干后多锈纹、锈斑；和

f. 排水落干状态下，其下部亚层（犁底层）土壤容重对上部亚层（耕作层）土壤容重的比值≥1.10。

上海地区的农田以水田为主，水稻种植历史较久，稻田土壤水耕表层发育较好。37个含有水耕表层土系中耕作层（Ap1）的厚度为 11～20 cm，平均值为 16 cm；一般为碎块状结构；容重较低为 0.78～1.37 g/cm³，平均值为 1.25 g/cm³（表 2-3）。犁底层（Ap2）厚度为 5～15 cm，平均值为 9 cm；多为大块状结构；容重较高为 1.24～1.58 g/cm³，平均值为 1.44 g/cm³，是耕作层的 1.1～1.6 倍（表 2-4）。从表 2-3 和表 2-4 的比较可以看出，该地区水耕表层的 pH 偏酸性－中性－碱性均有分布，这与该地区的成土母质为湖积、河流冲积和江海沉积有关。耕作层的 pH 略低于犁底层，这与耕作层的水稻种植期间干湿交替密切相关。耕作层的有机质、全氮和全磷的含量均大于犁底层。由于母质的全钾含量较高，耕作层和犁底层的全钾含量没有明显的差异，耕作层的阳离子交换量略大于犁底层。

表 2-3　水耕表层中耕作层基本理化性质

项目	厚度 /cm	容重 /(g/cm³)	pH	有机质 /(g/kg)	全氮（N） /(g/kg)	全磷（P₂O₅） /(g/kg)	全钾（K₂O） /(g/kg)	阳离子交换量 /(cmol/kg)	游离氧化铁 /(g/kg)
平均值	16	1.25	7.6	32.7	1.95	2.56	29.2	16.4	23.7
最小值	11	0.78	5.5	14.3	0.80	1.30	22.1	6.94	7.8
最大值	20	1.37	8.3	51.5	2.91	4.18	32.7	20.6	47.5

表 2-4　水耕表层中犁底层基本理化性质

项目	厚度 /cm	容重 /(g/cm³)	pH	有机质 /(g/kg)	全氮（N） /(g/kg)	全磷（P₂O₅） /(g/kg)	全钾（K₂O） /(g/kg)	阳离子交换量 /(cmol/kg)	游离氧化铁 /(g/kg)
平均值	9	1.44	7.8	18.9	1.16	1.79	26.9	13.7	21.3
最小值	5	1.24	5.4	7.35	0.42	0.56	19.8	5.20	9.5
最大值	15	1.58	9.0	48.7	2.73	4.28	31.2	19.7	50.9

2）诊断表下层

诊断表下层（diagnostic subsurface horizons）是由物质的淋溶、迁移、淀积或就地富集作用在土壤表层之下所形成的具诊断意义的土层。

（1）雏形层

雏形层（cambic horizon）是指风化-成土过程中形成的，无或基本上无物质淀积，未发生明显黏化，带棕、红棕、红、黄或紫等颜色，且有土壤结构发育的 B 层。它具有以下一些条件：

①除具干旱土壤水分状况或寒性、寒冻温度状况的土壤，其厚度至少 5 cm 外；其余应≥10 cm，且其底部至少在土表以下 25 cm 处；和

②具有极细砂、壤质极细砂或更细的质地；和

③有土壤结构发育并至少占土层体积的 50%，保持岩石或沉积物构造的体积＜50%；或

④与下层相比，彩度更高，色调更红或更黄；或

⑤若成土母质含有碳酸盐，则碳酸盐有下移迹象；和

⑥不符合黏化层、灰化淀积层、铁铝层和低活性富铁层的条件。

上海地区雏形土表层和雏形层的基本理化性质分别列于表 2-5 和表 2-6。雏形层较深厚，范围为 30～102 cm，平均厚度达到 63 cm（表 2-6），其上部有 11～36 cm 的表层。雏形层质地主要为粉砂壤土，少部分为粉砂质黏壤土；结构主要为弱发育到发育中等的块状结构；均具有氧还原特征，多具有铁锰斑纹和少到中量的软小铁锰结核，少部分只具有锈纹锈斑。

从表 2-5 和表 2-6 的比较可以看出，雏形层的容重明显大于表层，pH 高于表层，全钾也高于表层，但是有机质、全氮、全磷均低于表层。这主要是因为这些雏形土基本为园地和菜地，氮磷肥料的使用引起了表层较高的氮磷含量，但是土壤富钾，一般不用钾肥，植物的吸收造成表层全钾的含量下降。

表 2-5　雏形土表层基本理化性质

项目	厚度 /cm	容重 /(g/cm³)	pH	有机质 /(g/kg)	全氮（N） /(g/kg)	全磷（P₂O₅） /(g/kg)	全钾（K₂O） /(g/kg)	阳离子交换量 /(cmol/kg)	游离氧化铁 /(g/kg)
平均值	27	1.39	7.9	25.5	1.44	2.81	26.3	12.0	24.8
最小值	11	1.23	7.0	6.2	0.53	1.68	22.4	5.7	12.6
最大值	36	1.59	8.4	54.4	2.63	5.35	29.5	17.0	33.0

表 2-6　雏形层基本理化性质

项目	厚度 /cm	容重 /(g/cm³)	pH	有机质 /(g/kg)	全氮（N） /(g/kg)	全磷（P₂O₅） /(g/kg)	全钾（K₂O） /(g/kg)	阳离子交换量 /(cmol/kg)	游离氧化铁 /(g/kg)
平均值	63	1.54	8.3	8.83	0.69	1.49	27.4	10.5	24.4
最小值	30	1.48	7.9	3.60	0.26	1.26	23.9	4.70	17.6
最大值	102	1.62	8.7	17.4	1.23	1.89	31.3	16.7	44.1

（2）水耕氧化还原层

水耕氧化还原层（hydragric horizon）是指水耕条件下铁锰自水耕表层或兼自其下垫土层的上部亚层还原淋溶，或兼有由下面具潜育特征或潜育现象的土层还原上移；并在一定深度中氧化淀积的土层。它具有以下一些条件：

①上界位于水耕表层底部，厚度≥20 cm；和

②有下列一个或一个以上氧化还原形态特征：

a. 铁锰氧化淀积分异不明显，以锈纹锈斑为主；或

b. 有地表水（人为水分饱和）引起的铁锰氧化淀积分异，上部亚层以氧化铁分凝物（斑纹、凝团、结核等）占优势，下部亚层除氧化铁分凝物外，尚有较明显至明显的氧化锰分凝物（黑色的斑点、斑块、豆渣状聚集体、凝团、结核等）；或

c. 有地表水和地下水引起的铁锰氧化淀积分异，自上至下的顺序为铁淀积亚层、锰淀积亚层、锰淀积亚层和铁淀积亚层；或

d. 紧接水耕表层之下有一带灰色的铁渗淋亚层，但不符合漂白层的条件；其离铁基质（iron depleted matrix）的色调为 10YR～7.5Y，润态明度 5～6，润态彩度≤2；或有少量锈纹锈斑；和/或

③除铁渗淋亚层（厚度≥10 cm，离铁基质占85%以上）外，游离铁含量至少为耕作层的 1.5 倍；和

④土壤结构体表面和孔道壁有厚度≥0.5 mm 的灰色腐殖质－粉砂－黏粒胶膜；和

⑤有发育明显的棱柱状和/或角块状结构。

上海地区水稻面积较大，种植历史较久，稻田土壤水耕氧化还原层较厚。在目前已经建立的 37 个含有水耕氧化还原层土系中，厚度均大于 25 cm，观察到的最大厚度为 108 cm（表 2-7），但是由于观测深度的限制，有的土体还具有比此值更大的厚度。基于目前的观察，平均厚度为 79 cm。容重变异范围较大，1.22～1.62 g/cm³，平均值为 1.49 g/cm³，显著大于水耕表层中的耕作层，甚至略大于犁底层。pH 高于水耕

表 2-7　水耕氧化还原层基本理化性质

项目	厚度 /cm	容重 /(g/cm³)	pH	有机质 /(g/kg)	全氮（N） /(g/kg)	全磷（P₂O₅） /(g/kg)	全钾（K₂O） /(g/kg)	阳离子交换量 /(cmol/kg)	游离氧化铁 /(g/kg)
平均值	79	1.49	8.0	8.72	0.63	1.52	28.2	12.3	22.8
最小值	25	1.22	6.6	3.21	0.25	0.78	22.9	4.6	6.7
最大值	108	1.62	8.6	19.4	1.15	4.02	33.9	18.7	44.7

表层，尤其是耕作层。水耕氧化还原层的有机质、全氮、全磷均低于水耕表层，但是全钾含量高于表层，这与农田的作物种植、施肥等有关。游离氧化铁的含量与水耕表层没有明显差异。

3）其他诊断层（盐积现象）

盐积现象是指土层中有一定易溶性盐聚集的特征。其含盐量下限为 5g/kg（干旱地区）或 2 g/kg（其他地区）。上海地区有 4 个土系中具有盐积现象，含盐量为 2.33～12.27 g/kg。主要分布在东部沿海和崇明岛北部沿海地区。

2.2.2　诊断特性

诊断特性（diagnostic properties）：如果用于鉴别土壤类型的依据不是土层，而是具有定量说明的土壤性质，则称为土壤诊断特性。

1）岩性特征（lithologic characters）

岩性的特征是指土表至 125 cm 范围内土壤性状明显或较明显保留母岩或母质的岩石学性质特征，可细分为：

（1）冲积物岩性特征（L.C. of alluvial deposits），目前仍承受定期泛滥，有新鲜冲积物质加入的岩性特征。它具有以下两个条件：

a. 在 0～50 cm 范围内某些亚层有明显的沉积层理；和

b. 在 125 cm 深度处有机碳含量≥2 g/kg；或从 25 cm 起，至 125 cm 或至石质、准石质接触面有机碳含量随深度呈不规则的减少。

（2）砂质沉积物岩性特征（L.C. of sandy deposits），它具有以下全部条件：

a. 土表至 100 cm 或至石质、准石质接触面范围内土壤颗粒以砂粒为主，土壤质地为壤质细砂土或更粗；和

b. 呈单粒状，含一定水分时或呈结持极脆弱的块状结构；无沉积层理；和

c. 有机碳含量≤1.5 g/kg。

（3）黄土和黄土状沉积物岩性特征（L.C. of loess and loess-like deposits），它具有以下全部条件：

a. 色调为 10YR 或更黄，干态明度≥7，干态彩度≥4；和

b. 上下颗粒组成均一，以粉砂或细砂占优势；和

c. $CaCO_3$ 相当物≥80 g/kg。

（4）紫色砂、页岩岩性特征（L.C. of purplish sandstones and shales），它具有以下条件：

a. 色调为 2.5RP～10RP；

b. 固结性不强，极易遭受物理风化，风化碎屑物直径皆＜4 cm。

（5）红色砂、页岩、砂砾岩特征（L.C. of red sandstones, shales and conglomerates），它具有以下条件：

色调为 2.5R～5R，明度为 4～6，彩度为 4～8；或色调为 7.5R～10R，明度为 4～6，彩度≥6；或

（6）碳酸盐岩岩性特征（L.C. of carbonate rocks），它具有以下一些条件：

a. 有上界位于土表至 125 cm 范围内，沿水平方向起伏或断续的碳酸盐岩石质接触面；界面清晰，界面间有时可见分布有不同密集程度的白色碳酸盐化根系；或

b. 土表至 125 cm 范围内有碳酸盐岩岩屑或风化残余石灰；和

c. 所有土层盐基饱和度≥50%，pH≥5.5。

上海地区只在新成土中存在冲积物岩性特征，主要分布在崇明、奉贤等区域内，定期受到江水泛滥和海潮的影响。冲积层理出现部位较浅，一般在表层向下 6～15 cm 深度处。底层土壤有机碳含量≥2 g/kg，而且从 25 cm 起至 125 cm 有机碳含量随深度呈不规则的减少，全氮和全磷含量从上而下也具有不规则的变化规律。

2）土壤水分状况（soil moisture regimes）

水分控制层段：上界是干土（水分张力≥1500 kPa）在 24 h 内被 2.5 cm 水湿润的深度，其下界是干土在 48 h 内被 7.5 cm 水湿润的深度；不包括水分沿裂隙或动物孔道湿润的深度。水分控制层段的上、下限也可按土壤物质的粒径组成大致决定：即细壤质、粗粉质、细粉质或黏质者为 10～30 cm；粗壤质为 20～60 cm；砂质为 30～90 cm。

（1）滞水土壤水分状况（stagnic moisture regime）：由于地表至 2m 内存在缓透水黏土层或较浅处有石质接触面或地表有苔藓和枯枝落叶层，使其上部土层在大多数年份中有相当长的湿润期，或部分时间被地表水和/或上层滞水饱和；导致土层中发生氧化还原作用而产生氧化还原特征、潜育特征或潜育现象，或铁质水化作用使原红色土壤的颜色转黄；或由于土体层中存在具一定坡降的缓透水黏土层或石质、准石质接触面，大多数年份某一时期其上部土层被地表水和/或上层滞水饱和并有一定的侧向流动，导致黏粒和/或游离氧化铁侧向淋失的土壤水分状况。

（2）人为滞水土壤水分状况（anthrostagnic moisture regime）：在水耕条件下由于缓透水犁底层的存在，耕作层被灌溉水饱和的土壤水分状况。大多数年份土温>5℃时至少有 3 个月时间被灌溉水饱和，并呈还原状态。耕作层和犁底层中的还原性铁锰可通过犁底层淋溶至非水分饱和心土层中氧化淀积。在地势低平地区，水稻生长季节地下水位抬高的土壤中人为滞水可能与地下水相连。

（3）潮湿土壤水分状况（aquic moisture regime）：大多数年份土温>5℃（生物学零度）时的某一时期，全部或某些土层被地下水或毛管水饱和并呈还原状态的土壤水分状况。若被水分饱和的土层因水分流动，存在溶解氧或环境不利于微生物活动（例如低于 1℃），则不认为是潮湿水分状况。若地下水始终位于或接近地表（如潮汐沼地、封闭洼地），则可称为"常潮湿土壤水分状况"。

上海地区建立的 48 个土系中有 37 个具有人为滞水土壤水分状况，主要为长期种植水稻的水耕人为土。11 个土系具有潮湿土壤水分状况，主要位于江边和海边的滩涂和利用年代较少的林地、旱地和果园等。在海边和江边经常受潮汐影响的沿港系还存在常潮湿土壤水分状况。

3）潜育特征（gleyic features）

潜育特征是指土壤长期被水饱和，导致发生强烈还原的特征。它具有以下一些条件：

（1）50%以上的土壤基质（按体积计）的颜色值为：

a. 色调比 7.5Y 更绿或更蓝，或为无彩色（N）；或

b. 色调为 5Y，但润态明度≥4，润态彩度≤4；或

c. 色调为 2.5Y，但润态明度≥4，润态彩度≤3；或

d. 色调为 7.5YR～10YR，但润态明度为 4～7，润态彩度≤2；或

e. 色调比 7.5YR 更红或更紫，但润态明度为 4～7，润态彩度为 1；和

（2）在上述还原基质内外的土体中可以兼有少量锈斑纹、铁锰凝团、结核或铁锰管状物；和

（3）取湿土土块的新鲜断面，用 10 g/kg 铁氰化钾［$K_3Fe（CN）_6$］水溶液测试，显深蓝色；或用 2 g/kg αα′-联吡啶于中性的 1 mol/L 醋酸铵溶液测试，显深红色；或

（4）rH≤19，计算公式：rH=［Eh（mV）/29］+2pH。

潜育现象（gleyic evidence）：土壤发生弱-中度还原作用的特征：

（1）仅 30%～50%的土壤基质（按体积计）符合"潜育特征"的全部条件；或

（2）50%以上的土壤基质（按体积计）符合"潜育特征"的颜色值，但 rH 为 20～25。

上海地区水资源丰富，地下水位较高，具有潜育特征的土系约占总调查土系的 30%。具有潜育特征的土层色调主要为 2.5Y，润态明度≥4，润态彩度≤3；还原基质内外的土体中兼有少量锈斑纹、铁锰凝团和小的锰结核。具有潜育特征的土系（如下家斗系和佘山系）主要分布在西部的青浦和松江，东南部沿海的奉贤和浦东新区也有少量分布。

4）氧化还原特征（redoxic features）

土壤由于潮湿水分状况、滞水水分状况或人为滞水水分状况的影响，大多数年份某一时期受季节性水分饱和，发生氧化还原交替作用而形成的特征。它具有以下一个或一个以上条件：

（1）有锈斑纹，或兼有由脱潜而残留的不同程度的还原离铁基质；或

（2）有硬质或软质铁锰凝团、结核和/或铁锰斑块或铁磐；或

（3）无斑纹，但土壤结构体表面或土壤基质中占优势的润态彩度≤2；若其上、下层未受季节性水分饱和影响的土壤的基质颜色本来就较暗，即占优势润态彩度为 2，则该层结构体表面或土壤基质中占优势的润态彩度应<1；或

（4）还原基质按体积计<30%。

上海地区水资源丰富，地下水位较高，往往具有潮湿土壤水分状况，水田占农田比例的 90%，因此人为滞水土壤水分状况的比例也很高。江河的边缘和海边的滩涂上也存在滞水水分状况。上海地区 96%的土系具有铁锰斑纹，70%润态明度≤2。

5）土壤温度状况（soil temperature regimes）

指土表下 50 cm 深度处或浅于 50 cm 的石质或准石质接触面处的土壤温度。

（1）永冻土壤温度状况（permagelic temperature regime）：土温常年≤0℃，包括湿冻与干冻。

（2）寒冻土壤温度状况（gelic temperature regime）：年平均土温≤0℃，冻结时有湿冻与干冻。

（3）寒性土壤温度状况（cryic temperature regime）：年平均土温>0℃，但<9℃，

并有如下特征:

a. 矿质土壤中夏季平均土温:

（a）若某时期土壤水分不饱和的，无 O 层者<16℃；有 O 层者<9℃；

（b）若某时期土壤水分饱和的，无 O 层者<13℃；有 O 层者<6℃；

b. 有机土壤中:

（a）大多数年份，夏至后 2 个月土壤中某些部位或土层出现冻结，或

（b）大多数年份 5cm 深度之下不冻结，也就是土壤温度全年均低，但因海洋气候影响，并不冻结。

（4）冷性土壤温度状况（frigid temperature regime）：年平均土温<9℃，但夏季平均土温高于具寒性土壤温度状况土壤的夏季平均土温。

（5）温性土壤温度状况（mesic temperature regime）：年平均土温≥9℃，但<16℃。

（6）热性土壤温度状况（thermic temperature regime）：年平均土温≥16℃，但<23℃。

（7）高热土壤温度状（hyperthermic temperature regime）：年平均土温≥23℃。

上海市地处东经 120°52′～122°12′，北纬 30°40′～31°53′，南北长约 120 km²，东西宽约 100 km²，土地总面积为 6340.5 km²。地形主要为沿江平原和沿海平原，没有大的地形起伏，因此整个上海地区的气温差异非常小。根据上海地区多年气象资料统计，年平均气温为 15.7℃。根据土温与气温的换算关系，获得的上海地区的土温均在 16～23℃范围内，因此均为热性土壤温度状况。

6）石灰性（calcaric property）

石灰性特征为土表至 50 cm 范围内所有亚层中 $CaCO_3$ 相当物均≥10 g/kg，用 1：3 HCl 处理有泡沫反应。若某亚层中 $CaCO_3$ 相当物比其上、下亚层高时，则绝对增量不超过 20 g/kg。

上海地区成土母质有湖相沉积物、河流沉积物、河湖相沉积物和江海沉积物。一般地，湖相沉积物母质没有石灰性，个别层次用 1：3 HCl 处理有泡沫反应是因为含有大量的螺壳引起的。河流沉积物和江海沉积物母质一般具有石灰性。在成土时间较长的土体上部，由于长期的淋溶，土壤 $CaCO_3$ 可能被淋失已尽。因此上海的沿江和沿海的北部和东部区域土壤往往具有石灰性，而在西部的湖积物母质上发育的土壤不具有石灰性。上海地区 48 个土系中，有 24 个具有石灰性，24 个为非酸性。

第3章 土壤分类

3.1 土壤分类的历史回顾

3.1.1 上海市早期土壤分类

上海地区的土壤分类研究较晚，早期在《中国土壤区划》中，曾对该地区高级分类单元的归属有所提及。1957年全国第一次土壤普查前夕，江苏省农林厅勘察队概测苏南地区土壤时，在《江苏省苏南地区土壤调查报告》中，提及上海土壤有沼泽型水稻土、草甸型水稻土、浅色草甸土和草甸盐土四种（亚类）土壤。由于发育程度的不同，将亚类又进一步分为若干土种，如根据淋溶程度将草甸型水稻土分为轻潴、中潴、强潴三种。每一土种再按耕层特性及机械组成等，分为若干变种，如沟干泥（当时称为弱石灰性轻潴草甸型壤质黏底水稻土）等。1959年，上海市也进行了群众性的土壤调查、鉴定工作，采用的是土壤分区和分类结合的四级分类制，即土区-土片-土组-土种。土区和土片是土壤区划的单位，土组和土种是土壤分类单元。土组是根据其耕性、土质、保水保肥能力、水分和盐分状况来划分。全市共分10个土组（盐土、青紫泥、沟干泥等）。土种是按剖面形态中某一项或某几项特征和生产特性的差异而划分，全市约分40个土种，这是上海地区土壤第一次较系统的分类，具有重要参考价值，但在分类中出现了一些同土异名、异土同名的情况。

3.1.2 第二次土壤普查概况

1978年，两省一市（江苏、浙江、上海）太湖地区水稻土分类讨论会，根据五级分类制，把太湖地区水稻土划分为5个亚类（沼泽水稻土、潜育水稻土、潴育水稻土、漂白水稻土和始成水稻土），下面又分若干土属和土种。1979年上海市土壤普查办公室组织了全市土壤概查。接着，在概查基础上，通过市、县试点，于1980年提出了《上海市土壤分类暂行方案》，后经多次修改补充，用于第二次土壤普查工作。

1）分类原则和依据

分类采取四级分类制，土类、亚类是高级分类单元，土属是中级分类单元，土种是基层分类单元。中级和基层分类单元在很大程度上受地方性因子所左右，与土壤生产性能的联系密切，是土壤普查的重点。其中，土类是按成土条件、成土过程、剖面形态和属性划分，亚类是土类范围内的发育分段，依据次要成土过程及其发育层次的分异划分，其发生特征和土壤利用改良方向比土类更趋一致。土属主要根据1 m土体的母质成因类型、质地分异程度和碳酸盐有无等地方因子或残余特征进行划分，土属性质具有相对稳定性，直接影响土壤生产性能。土种是诊断层次、理化性质和生产性能近相一致的土壤类型，其性状和构型比较稳定，在短期内一般农业技术措施常难以改变的。土种划分依据包括耕层质地分异、质地层次排列、特殊诊断层次（异常层次或障碍层次）、剖面构型、含盐量及母质分异。

2）土壤命名

土类和亚类的命名尽可能采用与土壤文献上相一致的习用名称，如土类中的水稻土、潮土、盐土、黄棕壤等。亚类的名称，为了反映与土类在发生上的联系，一般采用连续命名法，即在土类前冠以简洁的词汇，表示其次要成土过程的特征，如水稻土土类中的潜育水稻土、脱潜水稻土、潴育水稻土、渗育水稻土等。土属和土种的命名，由于地方性强，为了便于当地应用，尽可能吸取群众沿用的俗名，并对同土异名、异土同名作了归并或区分。如过去东部和中西部分布较广的"黄泥头"，在成因上有所不同，脱钙程度也不一样，因而分别从群众习用名称中，以黄泥和黄泥头的命名予以区分，部分沼泽起源的"黄泥头"，提炼命名为"青黄土"。菜园土和果园土，与一般旱耕熟化的相应土属并列，均归为灰潮土亚类，以"菜园"一词列为相应土属；果园土冠以"果园"一词列为相应土属。盐土命名按含盐量高低进行。沟干潮泥（潮沟干）土属考虑到土壤生产性能与沟干泥差异甚大，予以单独列出。挖垫土均作为灰潮土亚类中挖垫灰潮土土属处置，其下再分若干土种。黄棕壤土属基层分类暂划为山黄泥和堆山泥两个土属。

3）上海市第二次土壤普查分类系统

上海市第二次土壤普查于 20 世纪 80 年代相继出版了《松江土壤》《青浦土壤》《川沙土壤》《嘉定土壤》《南汇土壤》《奉贤土壤》《金山土壤》《崇明土壤》《上海县土壤》《上海土壤》《上海土种志》等。根据第二次土壤普查的结果，上海共分为如下 4 个土类。

（1）水稻土土类：在本区范围内，空间分布上占绝对优势，形态变化复杂多样。大多在长期耕作、施肥和排灌的深刻影响下，经历了频繁的还原淋溶和氧化淀积等作用下形成的。主要分为潜育水稻土、脱潜水稻土、潴育水稻土、渗育水稻土亚类。

（2）潮土土类：主要分布于各类沉积母质上，本地区潮土既受弱矿化度的活动地下水影响，又在旱耕熟化中伴有碳酸盐的强烈淋溶过程，但发育程度颇不一致。潮土类在上海地区只划分了灰潮土一个亚类。

（3）滨海盐土土类：主要分布于沿海地区，由于受海水浸渍而导致土体盐分积聚。从盐渍淤泥演变为盐土的成土时间短暂，加之围垦进程不断加速，剖面发育年轻。滨海盐土类在上海地区只划分了滨海盐土一个亚类。

（4）黄棕壤土类：分布于西部的星散山丘上，在亚热带生物气候条件下，物质淋溶明显，黏粒移动活跃，土壤处于脱钾脱硅的弱富铝化过程。黄棕壤土类在上海地区只划分了黄棕壤一个亚类。

上海市第二次土壤普查共建立 4 个土类、7 个亚类、25 个土属、95 个土种（表 3-1）。

表 3-1　上海市第二次土壤普查土壤类型（上海市土壤普查办公室，1990）

土类	亚类	土属	土种
水稻土	潜育水稻土	青泥土	青泥土
			荡田青泥土
			荡田胶泥土
			铁钉青泥土
	脱潜水稻土	青紫泥	青紫泥
			黄斑青紫泥
			黄底青紫泥
		青紫土	青紫土
			黄斑青紫土
			小粉青紫土
		青紫头	青紫头
	潴育水稻土	青黄泥	青黄泥
			小粉青黄泥
		青黄土	青黄土
			砂心青黄土
			砂身青黄土
			砂底青黄土
			砂贝青黄土
		黄潮泥	黄潮泥
			砂姜黄潮泥
			黏底黄潮泥
			砂身黄潮泥
			砂底黄潮泥
		沟干泥	沟干泥
			强沟干泥
			铁屑沟干泥
			砂底沟干泥
			砂贝沟干泥
		沟干潮泥	沟干潮泥
			砂心沟干潮泥
		黄泥头	黄泥头
			强黄泥头
			沟干黄泥头
			砂贝黄泥头
			砂底黄泥头

土类	亚类	土属	土种
水稻土	潴育水稻土	黄泥	黄泥
			强黄泥
			黑沼黄泥
			铁屑黄泥
			轻黄泥
			砂身黄泥
			砂底黄泥
		潮砂泥	潮砂泥
			黏底潮砂泥
			潮泥
			黏心潮泥
			黏底潮泥
			砂身潮泥
			砂贝潮泥
	渗育水稻土	黄夹砂	黄夹砂
			砂身黄夹砂
			砂底黄夹砂
		砂夹黄	砂夹黄
			砂身砂夹黄
			砂底砂夹黄
		小粉土	小粉土
		并煞砂土	并煞砂土
			贝壳砂土
			小粉泥
潮土	灰潮土	灰潮土	旱作黄泥
			旱作黄夹泥
			旱作砂夹黄
		菜园灰潮土	菜园黄潮泥
			菜园黄泥
			菜园沟干潮泥
			菜园潮砂泥
			菜园挖垫土
			菜园黄夹砂
			菜园砂夹黄

土类	亚类	土属	土种
潮土	灰潮土	园林灰潮土	园林青紫泥
			园林青黄泥
			园林黄泥
			园林沟干泥
			园林沟干潮泥
			园林青黄土
			园林潮泥
			园林小粉土
			园林黄夹砂
			园林砂夹黄
		挖垫灰潮土	挖平土
			堆叠土
			吹淤土
滨海盐土	滨海盐土	滨海盐土	潮间盐土
			黄泥盐土
			夹砂盐土
		盐化土	潮间盐化土
			黄泥盐化土
			夹砂盐化土
			砂质盐化土
			盐化底黄泥
			盐化底夹砂泥
			盐化底砂土
		残余盐化土	残余盐化土
黄棕壤	黄棕壤	山黄泥	山黄泥
		堆山泥	堆山泥

3.1.3　上海土壤系统分类

自全国第二次土壤普查（下称"二普"）之后，有关上海土壤系统分类方面的工作基本处于空白阶段。

3.2　本次土系调查

本次上海市土系调查主要依托国家科技基础性工作专项项目"我国土系调查与《中国土系志》编制"（2008FY110600，2009～2013年）中"上海市土系调查课题"。

3.2.1　单个土体位置确定与调查方法

上海市土系调查工作期限为 2009～2013 年,单个土体调查确定采用综合地理单元法,由于上海主要为平原区,因此土系调查采样点的布设主要通过成土母质图、植被类型图和土地利用类型图(由 TM 卫星影像提取)、二普土壤图进行数字化叠加,形成不同的综合单元图,再考虑各综合单元对应的二普土壤类型及其代表的面积大小,逐个确定单个土体的调查位置(提取出经纬度和海拔信息)。

本次调查单个土体 53 个,点位分布见图 3-1,野外单个土体调查和描述依据中国科学院南京土壤研究所制定的《野外土壤描述与采样手册(试行)》(2010 年)。

3.2.2　系统分类归属确定依据

土壤样品测定分析方法依据张甘霖和龚子同主编的《土壤调查实验室分析方法》(2012),土壤系统分类高级单元确定依据中国科学院南京土壤研究所土壤系统分类课题组和中国土壤系统分类课题研究协作组主编的《中国土壤系统分类检索》(第三版)(2001),土族和土系建立依据中国科学院南京土壤研究所制定的《中国土壤系统分类土族与土系划分标准》(张甘霖等,2013)和《土系研究与制图表达》(张甘霖等,2001)。

3.2.3　建立的土系概况

针对调查的 53 个单个土体,通过筛选和归并,最后合计建立 48 个土系,涉及 4 个土纲、4 个亚纲、6 个土类、11 个亚类、19 个土族。详见表 3-2。

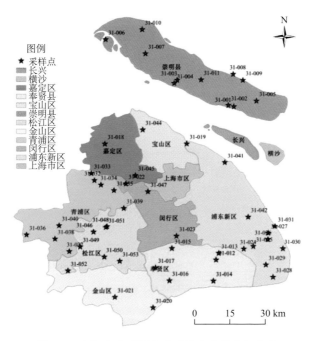

图 3-1　上海市土系调查典型单个土体空间分布

表 3-2　上海市典型土系

土纲	亚纲	土类	亚类	土族	土系	代表性单个土体
人为土	水耕人为土	潜育水耕人为土	铁聚潜育水耕人为土	黏壤质硅质混合型非酸性热性-铁聚潜育水耕人为土	金汇系	31-050
					下家斗系	31-051
			普通潜育水耕人为土	黏质混合型非酸性热性-普通潜育水耕人为土	佘山系	31-048
				壤质硅质混合型非酸性热性-普通潜育水耕人为土	罗家滨系	31-046
		铁聚水耕人为土	底潜铁聚水耕人为土	黏壤质硅质混合型非酸性热性-底潜铁聚水耕人为土	新浜系	31-052
					朱家角系	31-040
			普通铁聚水耕人为土	黏壤质硅质混合型非酸性热性-普通铁聚水耕人为土	施家台系	31-032
					张堰系	31-021
					庄行系	31-017
		简育水耕人为土	底潜简育水耕人为土	黏质混合型非酸性热性-底潜简育水耕人为土	山海系	31-037
				黏壤质硅质混合型石灰性热性-底潜简育水耕人为土	侯南系	31-004
				黏壤质硅质混合型非酸性热性-底潜简育水耕人为土	新丰系	31-034
					赵巷系	31-047
				壤质硅质混合型非酸性热性-底潜简育水耕人为土	李河系	31-038
			普通简育水耕人为土	黏壤质硅质混合型石灰性热性-普通简育水耕人为土	大椿系	31-011
					大团系	31-025
					老港系	31-027
					鹿溪系	31-042
					绿华系	31-006
					罗店系	31-044
					泥城系	31-029
					山阳系	31-020
					小竖系	31-007
					谢家系	31-012
					星火系	31-023
					瀛南系	31-002
				黏壤质硅质混合型非酸性热性-普通简育水耕人为土	华新系	31-035
					金泽系	31-036
					南渡系	31-015
					柘林系	31-016
					朱家沟系	31-003
					朱浦系	31-033

土纲	亚纲	土类	亚类	土族	土系	代表性单个土体
				壤质硅质混合型石灰性热性-普通简育水耕人为土	泖港系	31-049
					南海系	31-001
				壤质硅质混合型非酸性热性-普通简育水耕人为土	黄家宅系	31-018
					金云系	31-039
					叶榭系	31-053
潜育土	正常潜育土	简育正常潜育土	弱盐简育正常潜育土	黏壤质硅质混合型石灰性热性-弱盐简育正常潜育土	沿港系	31-008
					朱墩系	31-014
雏形土	潮湿雏形土	淡色潮湿雏形土	弱盐淡色潮湿雏形土	黏壤质硅质混合型石灰性热性-弱盐淡色潮湿雏形土	芦潮系	31-028
					祝桥系	31-031
			石灰淡色潮湿雏形土	黏壤质硅质混合型热性-石灰淡色潮湿雏形土	桃博园系	31-026
					亭园系	31-030
				壤质硅质混合型热性-石灰淡色潮湿雏形土	新海系	31-010
					永南系	31-005
			普通淡色潮湿雏形土	黏壤质硅质混合型非酸性热性-普通淡色潮湿雏形土	漕镇系	31-022
					高东系	31-041
新成土	冲积新成土	潮湿冲积新成土	潜育潮湿冲积新成土	壤质硅质混合型石灰性热性-潜育潮湿冲积新成土	屏东系	31-009

下篇　区域典型土系

第4章 人为土纲

4.1 铁聚潜育水耕人为土

4.1.1 金汇系（Jinhui Series）

土　族：黏壤质硅质混合型非酸性热性-铁聚潜育水耕人为土
拟定者：杨金玲，黄　标，张甘霖

分布与环境条件　主要
分布在上海市松江、青浦
和金山淀泖洼地，海拔约
3 m；成土母质为湖相沉
积物；水田，轮作制度主
要为小麦/油菜-水稻轮作
或单季稻。北亚热带湿润
季风气候，年均日照时数
2014 h，年均气温 15.7℃，
年均降水量 1222 mm，无
霜期 230 d。

金汇系典型景观

土系特征与变幅　本土系诊断层包括水耕表层和水耕氧化还原层；诊断特性包括人为滞水
土壤水分状况、氧化还原特征、潜育特征和热性土壤温度状况。土体厚度 1 m 以上；矿质土
表以下 30～50 cm 为具有潜育特征的层次，厚度 10～30 cm。矿质土表以下水耕氧化还原层
50～80 cm，结构面有 5%～15% 的锈纹锈斑，游离氧化铁的含量为表层的 1.5～2.0 倍。层次
质地构型为粉砂壤土-粉砂质黏壤土-粉砂壤土。pH 为 5.5～8.0；通体无石灰反应。
对比土系　下家斗系，同一土族，但下家斗系具有潜育特征层的土层厚达 30～50 cm，
铁聚积层出现于矿质土表以下 60～100 cm。
利用性能综述　土体深厚，耕层质地适中，耕性好，肥力高，生产性能较好，耕作层熟化
程度较高。犁底层及其以下质地稍黏重，通透性稍差，上层易滞水。利用改良上：①实行水
旱轮作，植稻期间要重视搁田措施，促进干湿交替，水气协调；②挖深沟排水，改善排水条
件，降低渍害；③增施绿肥、农家肥和实行秸秆还田，以提高土壤肥力，改善土壤结构。
参比土种　黄斑青紫泥。

代表性单个土体　位于上海市松江区湖荡镇金汇村，30°57′35.5″N，121°11′55.0″E，海拔3.2 m，洼地低平田，母质为湖相沉积物。种植制度为小麦/油菜-水稻轮作或单季稻。调查时间 2011 年 6 月，编号 31-050。

Ap1：0～20 cm，灰橄榄色（7.5Y 6/2，干），灰橄榄色（7.5Y 5/2，润）；粉砂壤土，发育强的直径＜5 mm 碎块状结构，极疏松；结构面有 2%左右锈纹锈斑；向下层平滑清晰过渡。

Ap2：20～30 cm，灰橄榄色（7.5Y 4/2，干），灰色（7.5Y 4/1，润）；粉砂质黏壤土，发育强的直径 10～20 mm 块状结构，稍坚实；结构面有 2%～5%锈纹锈斑；向下层平滑清晰过渡。

Bg：30～50 cm，灰黄色（2.5Y 6/2，干），黄灰色（2.5Y 6/1，润）；粉砂质黏壤土，块状，有亚铁反应；稍坚实；向下层波状渐变过渡。

Br1：50～80 cm，亮黄棕色（2.5Y 7/6，干），淡黄色（2.5Y 7/4，润）；粉砂质黏壤土，发育强的直径 10～20 mm 块状结构，很坚实；结构面有 5%～15%锈纹锈斑；向下层波状渐变过渡。

Br2：80～120 cm，淡黄色（2.5Y 7/3，干），灰黄色（2.5Y 7/2，润）；粉砂壤土，发育强的直径 10～20 mm 块状结构，很坚实；结构面有 2%～5%铁锰斑纹，土体中有 2%左右直径 2～3 mm 褐色软小铁锰结核。

金汇系代表性单个土体剖面

金汇系代表性单个土体物理性质

土层	深度/cm	砾石*(2mm, 体积分数)/%	细土颗粒组成（粒径：mm）/（g/kg）			细土质地	容重/（g/cm³）
			砂粒 2～0.05	粉粒 0.05～0.002	黏粒 <0.002		
Ap1	0～20	0	36	696	268	粉砂壤土	1.14
Ap2	20～30	0	43	658	299	粉砂质黏壤土	1.32
Bg	30～50	0	80	622	298	粉砂质黏壤土	1.41
Br1	50～80	2	117	587	296	粉砂质黏壤土	1.55
Br2	80～120	2	81	672	247	粉砂壤土	1.57

* 包括2mm的岩石、矿物碎屑及矿质瘤状结核，下同

金汇系代表性单个土体化学性质

深度/cm	pH	有机质/（g/kg）	全氮（N）/（g/kg）	全磷（P₂O₅）/（g/kg）	全钾（K₂O）/（g/kg）	阳离子交换量/（cmol/kg）	游离氧化铁/（g/kg）
0～20	5.8	38.4	2.19	3.07	25.2	15.9	14.4
20～30	7.5	15.9	0.69	1.17	26.6	13.8	15.2
30～50	7.6	10.1	0.53	1.19	27.3	13.3	14.2
50～80	7.6	4.4	0.36	1.21	27.9	12.8	25.0
80～120	7.9	3.5	0.29	1.29	27.3	9.1	14.4

4.1.2 下家斗系（Xiajiadou Series）

土　族：黏壤质硅质混合型非酸性热性-铁聚潜育水耕人为土
拟定者：杨金玲，黄　标，李德成

分布与环境条件　主要分布在上海市黄浦江以西地区湖沼平原地势较高地段，海拔约4 m；成土母质为湖相沉积物；水田，轮作制度主要为小麦/油菜-水稻轮作或单季稻。北亚热带湿润季风气候，年均日照时数 2014 h，年均气温 15.7℃，年均降水量 1222 mm，无霜期 230 d。

下家斗系典型景观

土系特征与变幅　本土系诊断层包括水耕表层和水耕氧化还原层；诊断特性包括人为滞水土壤水分状况、氧化还原特征、潜育特征和热性土壤温度状况。土体厚度 1 m 以上；矿质土表以下 25～65 cm 为具有潜育特征的层次，厚度 30～50 cm。之下土体结构面有 15%～40%铁锰斑纹，游离氧化铁含量为表层的 1.5～2.0 倍。层次质地构型为粉砂壤土-粉砂质黏壤土。pH 为 7.0～9.0；通体无石灰反应。

对比土系　金汇系。同一土族，但具有潜育特征的层次薄，厚度仅 10～30 cm，铁聚积层出现的位置更浅，矿质土表以下 50～80 cm。

利用性能综述　土体深厚，发育较好，水耕表层土壤质地适中，下层通透性差，造成上层滞水。养分含量较高，保水保肥，肥效持久，后劲足。利用改良上：①挖深沟排水，降低地下水位，搞好田间沟系配套，进一步提高土壤爽水性能；②实行水旱轮作，植稻期间要重视搁田措施，促使干湿交替，水气协调；③加强水分调节，提高作物产量。

参比土种　黄底青紫泥。

代表性单个土体　位于上海市松江区佘山镇下家斗村，31°04′12.7″N，121°12′16.6″E，海拔 4.0 m，低平田，湖沼平原地势较高地段，母质为湖相沉积物。种植制度为小麦/油菜-水稻轮作或单季稻。调查时间 2011 年 11 月，编号 31-051。

下家斗系代表性单个土体剖面

Ap1：0～15 cm，灰黄色（2.5Y 6/2，干），黄灰色（2.5Y 4/1，润）；粉砂壤土，发育强的直径<5 mm 碎块状结构，疏松；结构面有 2%左右锈纹锈斑；平滑清晰过渡。

Ap2：15～25 cm，灰黄色（2.5Y 6/2，干），黄灰色（2.5Y 4/1，润）；粉砂壤土，发育强的直径 10～20 mm 块状结构，稍坚实；结构面有 2%左右锈纹锈斑；土体中有 5%～15%螺壳，波状渐变过渡。

Bg：25～65 cm，灰黄色（2.5Y 6/2，干），黄灰色（2.5Y 4/1，润）；粉砂质黏壤土，泥糊状，有亚铁反应；2%～5%铁锰斑纹；波状渐变过渡。

Br：65～100 cm，浊黄色（2.5Y 6/4，干），黄棕色（2.5Y 5/4，润）；粉砂质黏壤土，发育中等的直径 10～20 mm 块状结构，很坚实；结构面有 15%～40%铁锰斑纹，土体中有 2%～5%直径 2～3 mm 褐色软小铁锰结核。

下家斗系代表性单个土体物理性质

土层	深度/cm	砾石（2mm，体积分数）/%	细土颗粒组成（粒径：mm）/（g/kg）			细土质地	容重/（g/cm³）
			砂粒 2～0.05	粉粒 0.05～0.002	黏粒 <0.002		
Ap1	0～15	0	112	627	261	粉砂壤土	0.95
Ap2	15～25	0	102	677	221	粉砂壤土	1.38
Bg	25～65	0	67	560	373	粉砂质黏壤土	1.44
Br	65～100	2	65	613	322	粉砂质黏壤土	1.55

下家斗系代表性单个土体化学性质

深度/cm	pH	有机质/（g/kg）	全氮（N）/（g/kg）	全磷（P₂O₅）/（g/kg）	全钾（K₂O）/（g/kg）	阳离子交换量/（cmol/kg）	游离氧化铁/（g/kg）
0～15	7.3	51.5	2.91	1.82	26.6	17.9	11.7
15～25	9.0	23.0	1.36	1.53	27.5	14.1	10.9
25～65	8.0	18.0	0.85	0.78	28.8	16.7	11.6
65～100	8.0	5.8	0.41	1.28	28.8	12.4	21.7

4.2 普通潜育水耕人为土

4.2.1 佘山系（Sheshan Series）

土　族：黏质混合型非酸性热性-普通潜育水耕人为土
拟定者：杨金玲，张甘霖，黄　标

分布与环境条件　主要分布在上海市松江、青浦和金山，大地形为湖沼平原，微地形部位为洼地低平田，海拔约 3 m；成土母质为湖相沉积物；水田，轮作制度主要为小麦/油菜和水稻轮作或单季稻。北亚热带湿润季风气候，年均日照时数 2014 h，年均气温 15.7℃，年均降水量 1222 mm，无霜期 230 d。

佘山系典型景观

土系特征与变幅　本土系诊断层包括水耕表层和水耕氧化还原层；诊断特性包括人为滞水土壤水分状况、氧化还原特征、潜育特征和热性土壤温度状况。土体厚度 1 m 以上；由于地势低洼，50 cm 以下为埋藏层，潜育特征明显。层次质地构型为粉砂壤土-粉砂质黏壤土-粉砂质黏土。水耕氧化还原层结构面有 15%～40% 的铁锰斑纹。pH 为 7.0～8.5；通体无石灰反应。

对比土系　罗家滨系，空间位置相近，同一亚类但不同土族，颗粒大小级别为壤质。

利用性能综述　土体深厚，发育较好，水耕表层土壤质地适中。水耕氧化还原层质地黏重，通透性差。地势低，土壤潮湿时黏闭，有渍水、滞水危害。适耕期短，耕性差。但养分含量较高，供肥力较强。利用改良上：①挖深沟排水，降低地下水位和潜育程度，搞好田间沟系配套，进一步提高土壤爽水性能，较易培育成高产土壤；②实行水旱轮作，植稻期间要促使干湿交替，水气协调；③增施绿肥、农家肥和实行秸秆还田，以提高土壤肥力，改善土壤结构。

参比土种　青紫泥。

代表性单个土体　位于上海市松江区佘山镇前村，31°04′24.0″N，121°12′31.3″E，海拔 3.2 m，淀泖洼地的低田，母质为湖相沉积物。种植制度为小麦/油菜和水稻轮作或单季稻。调查时间 2011 年 11 月，编号 31-048。

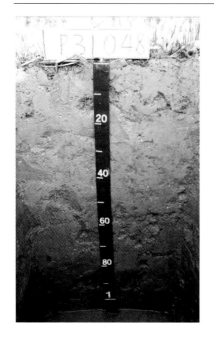

Ap1：0～16 cm，浊黄色（2.5Y 6/4，干），橄榄棕色（2.5Y 4/4，润）；粉砂壤土，发育强的直径＜5mm 碎块状结构，疏松；结构面有 2%～5%锈纹锈斑，土体中有＜2%砖瓦侵入体；平滑清晰过渡。

Ap2：16～25 cm，浊黄色（2.5Y 6/4，干），橄榄棕色（2.5Y 4/4，润）；粉砂壤土，发育强的直径 10～20 mm 块状结构，稍坚实；结构面有 2%～5%锈纹锈斑，土体中有＜2%砖瓦侵入体，5%～15%螺壳；平滑清晰过渡。

Br：25～50 cm，暗灰黄色（2.5Y 5/2，干），暗灰黄色（2.5Y 4/2，润）；粉砂质黏壤土，发育强的直径 10～20 mm 块状结构，坚实；结构面有 15%～40%的铁锰斑纹；土体中有＜2%砖瓦侵入体；平滑清晰过渡。

Abg：50～110 cm，橄榄棕色（2.5Y 4/3，干），暗灰黄色（2.5Y 4/2，润）；粉砂质黏土，泥糊状，有亚铁反应；有＜2%的锈纹锈斑。

佘山系代表性单个土体剖面

佘山系代表性单个土体物理性质

土层	深度/cm	砾石（2mm，体积分数）/%	细土颗粒组成（粒径：mm）/（g/kg）			细土质地	容重/（g/cm³）
			砂粒 2～0.05	粉粒 0.05～0.002	黏粒 ＜0.002		
Ap1	0～16	0	60	673	267	粉砂壤土	1.28
Ap2	16～25	0	27	720	253	粉砂壤土	1.42
Br	25～50	0	49	622	329	粉砂质黏壤土	1.50
Abg	50～110	0	32	514	454	粉砂质黏土	1.24

佘山系代表性单个土体化学性质

深度/cm	pH	有机质/（g/kg）	全氮（N）/（g/kg）	全磷（P₂O₅）/（g/kg）	全钾（K₂O）/（g/kg）	阳离子交换量/（cmol/kg）	游离氧化铁/（g/kg）
0～16	7.0	31.0	1.82	2.26	26.3	16.4	29.6
16～25	8.3	11.0	0.67	1.49	26.8	12.9	13.0
25～50	7.9	13.3	0.71	1.16	28.1	16.2	18.4
50～110	7.7	40.4	1.55	0.88	30.0	25.8	15.2

4.2.2 罗家滨系（Luojiabang Series）

土　族：壤质硅质混合型非酸性热性-普通潜育水耕人为土
拟定者：杨金玲，李德成，黄　标

分布与环境条件 主要分布在上海市松江、青浦和金山，大地形为湖沼平原，微地形部位为淀泖洼地的低田和低平田，海拔约 2 m；成土母质为湖相沉积物；水田，轮作制度主要为小麦/油菜-水稻轮作或单季稻。北亚热带湿润季风气候，年均日照时数 2014 h，年均气温 15.7℃，年均降水量 1222 mm，无霜期 230 d。

罗家滨系典型景观

土系特征与变幅 本土系诊断层包括水耕表层和水耕氧化还原层；诊断特性包括人为滞水土壤水分状况、氧化还原特征、潜育特征和热性土壤温度状况。土体厚度 1 m 以上；由于地势低洼，30cm 以下土体为泥糊状，潜育特征明显。层次质地构型为粉砂质黏壤土-粉砂土。60 cm 以下埋藏层。pH 为 5.5～8.0；通体无石灰反应。

对比土系 佘山系，空间位置相近，同一亚类但不同土族，颗粒大小级别为黏质。

利用性能综述 土体深厚，低湿黏闭，有渍水、滞水危害。适耕期短，耕性差。养分含量较高，但供肥力较差。利用改良上：①挖深沟排水，降低地下水位和潜育程度，搞好田间沟系配套，进一步提高土壤爽水性能，较易培育成高产土壤；②实行水旱轮作，植稻期间要重视搁田措施，促使干湿交替，水气协调，增强土壤的供肥能力。

参比土种 荡田青泥土。

代表性单个土体 位于上海市松江区佘山镇罗家滨村，31°03′10.9″N，121°09′29.9″E，淀泖洼地的低田，海拔 2.0 m，母质为湖相沉积物，种植制度为小麦/油菜-水稻轮作或单季稻。调查时间 2011 年 11 月，编号 31-046。

Ap1：0～20 cm，灰橄榄色（5Y 6/2，干），灰橄榄色（5Y 5/2，润）；粉砂质黏壤土，发育强的直径<5 mm 碎块状结构，极疏松；结构面有 2%左右的锈纹锈斑，1～2 个砖瓦侵入体；平滑清晰过渡。

Ap2：20～30 cm，灰橄榄色（5Y 6/2，干），灰橄榄色（5Y 5/2，润）；粉砂质黏壤土，发育强的直径 10～20 mm 块状结构，疏松；结构面有 2%左右的锈纹锈斑，主要位于根孔中；1～2 个砖瓦侵入体；平滑清晰过渡。

Bg：30～64 cm，灰橄榄色（5Y 5/2，干），灰橄榄色（5Y 4/2，润）；粉砂质黏壤土，泥糊状，有亚铁反应；有<2%的铁锰斑纹；波状渐变过渡。

Abg：64～100 cm，灰色（5Y 4/1，干），橄榄黑色（5Y 3/1，润）；粉砂土，泥糊状，有亚铁反应。

罗家滨系代表性单个土体剖面

罗家滨系代表性单个土体物理性质

土层	深度/cm	砾石（2mm，体积分数）/%	细土颗粒组成（粒径：mm）/（g/kg）			细土质地	容重/（g/cm³）
			砂粒 2～0.05	粉粒 0.05～0.002	黏粒 <0.002		
Ap1	0～20	0	90	619	291	粉砂质黏壤土	0.96
Ap2	20～30	0	62	631	307	粉砂质黏壤土	1.26
Bg	30～64	0	86	522	392	粉砂质黏壤土	1.36
Abg	64～100	0	60	902	38	粉砂土	1.05

罗家滨系代表性单个土体化学性质

深度/cm	pH	有机质/（g/kg）	全氮（N）/（g/kg）	全磷（P₂O₅）/（g/kg）	全钾（K₂O）/（g/kg）	阳离子交换量/（cmol/kg）	游离氧化铁/（g/kg）
0～20	5.7	51.3	2.74	1.70	27.0	19.9	29.6
20～30	7.2	41.3	2.36	1.68	26.8	18.6	30.5
30～64	7.5	12.0	0.76	1.32	28.4	17.2	31.5
64～100	7.7	47.3	1.74	0.66	27.5	27.8	21.0

4.3 底潜铁聚水耕人为土

4.3.1 新浜系（Xinbang Series）

土　　族：黏壤质硅质混合型非酸性热性-底潜铁聚水耕人为土
拟定者：杨金玲，黄　标，李德成

分布与环境条件　主要分布在上海市松江、青浦和金山淀泖洼地地形部位较高地段，地形为湖沼平原，海拔约 3 m；成土母质为湖相沉积物；水田，轮作制度主要为小麦/油菜-水稻轮作或单季稻。北亚热带湿润季风气候，年均日照时数 2014 h，年均气温 15.7℃，年均降水量 1222 mm，无霜期 230 d。

新浜系典型景观

土系特征与变幅　诊断层包括水耕表层和水耕氧化还原层；诊断特性包括人为滞水土壤水分状况、氧化还原特征、潜育特征和热性土壤温度状况。土体厚度 1 m 以上；潜育特征一般出现在矿质土表以下 55～90 cm。90～120 cm 土体结构面有 15%～40%铁锰斑纹，土体中有 2%左右直径 2～3 mm 褐色软小铁锰结核，游离氧化铁含量为表层的 2.5～3.0 倍，铁聚集层厚度 30～40 cm。通体为粉砂质黏壤土。矿质土表以下 55～90 cm 为埋藏表层。pH 为 5.6～7.6；通体无石灰反应。

对比土系　朱家角系，同一土族，但没有埋藏层，水耕表层结构面有 5%～40%的锈纹锈斑，铁聚积层的游离氧化铁含量为表层的 1.5～2.0 倍。

利用性能综述　土体深厚，质地黏重，耕性略差，养分含量高，但滞水严重。利用改良上：①实行水旱轮作，干耕晒垡，改善土壤通透性能；②开沟排水，改善土壤质地，降低渍害，进一步提高土壤的生产能力。

参比土种　黄底青紫泥。

代表性单个土体　位于上海市松江区新浜镇林家埭，30°54′32.2″N，121°03′42.0″E，淀泖洼地地形部位较高地段，海拔 3.2 m，母质为湖相沉积物。种植制度为小麦/油菜-水稻轮作或单季稻。调查时间 2011 年 6 月，编号 31-052。

Ap1：0～15 cm，灰橄榄色（5Y 5/3，干），灰橄榄色（5Y 5/2，润）；粉砂质黏壤土，发育强的直径<5 mm 碎块状结构，疏松；2%～5%锈纹锈斑；平滑清晰过渡。

Ap2：15～23 cm，灰橄榄色（5Y 5/2，干），灰色（5Y 5/1，润）；粉砂质黏壤土，发育强的直径10～20 mm 块状结构，很坚实；结构面有 2%～5%锈纹锈斑；平滑清晰过渡。

Br：23～55 cm，灰橄榄色（5Y 5/2，干），灰色（5Y 4/1，润）；粉砂质黏壤土，发育强的直径10～20 mm 棱块状结构，稍坚实；结构面有 2%～5%锈纹锈斑和灰色胶膜；波状渐变过渡。

Abg：55～90 cm，灰橄榄色（5Y 4/2，干），灰色（5Y 4/1，润）；粉砂质黏壤土，泥糊状，有亚铁反应；结构面有 2%左右铁锰斑纹；平滑清晰过渡。

BrC：90～120 cm，亮黄棕色（10Y 6/6，干），浊黄棕色（10Y 6/5，润）；粉砂质黏壤土，发育中等的直径10～20 mm 块状结构，很坚实；结构面有 15%～40%铁锰斑纹，土体中有 2%左右直径 2～3 mm 褐色软小铁锰结核。

新浜系代表性单个土体剖面

新浜系代表性单个土体物理性质

| 土层 | 深度/cm | 砾石 (2mm，体积分数) /% | 细土颗粒组成（粒径：mm）/（g/kg） | | | 细土质地 | 容重 /（g/cm³） |
			砂粒 2～0.05	粉粒 0.05～0.002	黏粒 <0.002		
Ap1	0～15	0	90	601	309	粉砂质黏壤土	1.11
Ap2	15～23	0	68	585	347	粉砂质黏壤土	1.51
Br	23～55	2	69	559	372	粉砂质黏壤土	1.48
Abg	55～90	2	66	589	345	粉砂质黏壤土	1.28
BrC	90～120	2	56	658	286	粉砂质黏壤土	1.54

新浜系代表性单个土体化学性质

深度/cm	pH	有机质 /（g/kg）	全氮（N） /（g/kg）	全磷（P₂O₅） /（g/kg）	全钾（K₂O） /（g/kg）	阳离子交换量 /（cmol/kg）	游离氧化铁 /（g/kg）
0～15	5.6	40.8	2.23	1.69	26.2	16.5	16.4
15～23	7.3	8.0	0.56	1.22	27.7	14.8	16.1
23～55	7.4	10.4	0.62	1.03	28.1	16.2	17.8
55～90	7.4	27.0	1.40	1.00	28.3	18.7	10.4
90～120	7.6	6.0	0.40	1.72	28.6	11.6	47.7

4.3.2 朱家角系（Zhujiajiao Series）

土　族：黏壤质硅质混合型非酸性热性-底潜铁聚水耕人为土
拟定者：杨金玲，张甘霖，黄　标

分布与环境条件　主要
分布在上海市青浦、松江、
金山和嘉定，地形为湖沼
平原，海拔约 4 m；成土
母质为湖相沉积物；水田，
轮作制度主要为小麦/油
菜-水稻轮作或单季稻。
北亚热带湿润季风气候，
年均日照时数 2014 h，年
均气温 15.7℃，年均降水
量 1222 mm，无霜期 230 d。

朱家角系典型景观

土系特征与变幅　诊断层包括水耕表层和水耕氧化还原层；诊断特性包括人为滞水土壤水分
状况、氧化还原特征、潜育特征和热性土壤温度状况。土体厚度 1 m 以上；水耕表层结构面
有 5%～40% 的锈纹锈斑，水耕氧化还原层结构面有 5%～15% 的铁锰斑纹，矿质土表以下
30～70 cm 为铁聚层，游离氧化铁含量为表层的 1.5～2.0 倍；潜育特征出现在矿质土表以下
70～120 cm。通体为粉砂质黏壤土。pH 为 6.0～7.5；通体无石灰反应。
对比土系　新滨系，同一土族，但 55 cm 以下出现埋藏表层，铁聚积层的游离氧化铁含
量为表层的 2.5～3.0 倍。
利用性能综述　土体深厚，质地略黏，耕性略差，有机质和氮含量不高，磷和钾较高。
土壤供肥能力较强。利用改良上：①搞好田间沟系配套，进一步提高土壤爽水性能和降
低地下水位；②实行水旱轮作，植稻期间要重视搁田措施，促使干湿交替，水气协调；
③增施绿肥、农家肥和实行秸秆还田，以提高土壤肥力，改善土壤结构。
参比土种　青黄泥
代表性单个土体　位于上海市青浦区朱家角镇安庄，31°04′37.6″N，121°01′43.7″E，平田，
海拔 4.5 m，母质为湖相沉积物。种植制度为小麦/油菜-水稻轮作或单季稻。调查时间 2011
年 11 月，编号 31-040。

朱家角系代表性单个土体剖面

Ap1：0～20 cm，淡黄色（2.5Y 7/4，干），浊黄色（2.5Y 6/3，润）；粉砂质黏壤土，发育强的直径＜5 mm 碎块状结构，疏松；结构面有15%～40%锈纹锈斑；土体中有 1～2 个动物穴，1～2 块砖瓦；平滑清晰过渡。

Ap2：20～35 cm，浊黄色（2.5Y 6/3，干），灰黄色（2.5Y 6/2，润）；粉砂质黏壤土，发育强的直径 5～10 mm 块状结构，很坚实；结构面有 5%～15%的铁锰斑纹；土体中有 1～2 个动物穴，1～2 块砖瓦；平滑清晰过渡。

Br：35～70 cm，淡黄色（2.5Y 7/4，干），浊黄色（2.5Y 6/3，润）；粉砂质黏壤土，发育强的直径 10～20 mm 棱块状结构，很坚实；结构面有 5%～15%的铁锰斑纹；土体中有 2%左右直径 2～3 mm 褐色软小铁锰结核；清晰波状过渡。

Bg：70～120 cm，暗灰黄色（2.5Y 5/2，干），黄灰色（2.5Y 5/1，润）；粉砂黏壤土，泥糊状，有亚铁反应；有 5%～15%的铁锰斑纹。

朱家角系代表性单个土体物理性质

| 土层 | 深度/cm | 砾石（2mm，体积分数）/% | 细土颗粒组成（粒径：mm）/（g/kg） | | | 细土质地 | 容重/（g/cm³） |
			砂粒 2～0.05	粉粒 0.05～0.002	黏粒 ＜0.002		
Ap1	0～20	0	42	677	281	粉砂质黏壤土	1.37
Ap2	20～35	0	59	648	293	粉砂质黏壤土	1.54
Br	35～70	2	34	662	304	粉砂质黏壤土	1.53
Bg	70～120	0	36	694	270	粉砂质黏壤土	1.44

朱家角系代表性单个土体化学性质

深度/cm	pH	有机质/（g/kg）	全氮（N）/（g/kg）	全磷（P_2O_5）/（g/kg）	全钾（K_2O）/（g/kg）	阳离子交换量/（cmol/kg）	游离氧化铁/（g/kg）
0～20	6.1	24.3	1.50	3.68	25.2	16.0	16.3
20～35	7.1	9.6	0.53	1.20	25.7	14.1	19.2
35～70	7.2	9.9	0.64	1.22	26.0	15.4	30.7
70～120	7.3	10.6	0.75	1.41	26.9	15.9	28.0

4.4　普通铁聚水耕人为土

4.4.1　施家台系（Shijiatai Series）

土　族：黏壤质硅质混合型非酸性热性-普通铁聚水耕人为土
拟定者：杨金玲，李德成，黄　标

分布与环境条件　主要分布
在上海市奉贤、闵行、嘉定、
宝山和金山，地形为沿江平
原-湖沼平原，海拔约 4 m；
成土母质为河湖相沉积物；
水田，轮作制度主要为小麦/
油菜-水稻轮作或单季稻。北
亚热带湿润季风气候，年均
日照时数 2014 h，年均气温
15.7℃，年均降水量 1222 mm，
无霜期 230 d。

施家台系典型景观

土系特征与变幅　本土系诊断层包括水耕表层和水耕氧化还原层；诊断特性包括人为滞
水土壤水分状况、氧化还原特征和热性土壤温度状况。土体厚度 1 m 以上；矿质土表以
下 80～110 cm 的铁聚积层游离氧化铁含量为表层的 2.0～2.5 倍，厚度 20～30 cm。层次
质地构型为粉砂壤土-粉砂质黏壤土-粉砂壤土。pH 为 7.0～7.5；无石灰反应。
对比土系　张堰系和庄行系，同一土族，但张堰系剖面上下质地构型为粉砂质黏壤土-
粉砂壤土，矿质土表以下 30～40 cm 土体铁聚层，厚度 10～20 cm，游离氧化铁含量为
表层的 2.5～3.0 倍；而庄行系通体为粉砂壤土，铁聚积层游离氧化铁含量为表层的 1.5～
2.0，厚度 50～70 cm。朱浦系，位于同一乡镇，空间位置相近，成土母质一致，但不同
土类，为简育水耕人为土。
利用性能综述　土体深厚，质地适中，耕性好，透气爽水，但漏水漏肥，有机质和氮含
量低，磷钾含量较高。利用改良上：增施氮肥绿肥、农家肥和实行秸秆还田，以提高土
壤肥力，改善土壤结构。
参比土种　黄泥头。
代表性单个土体　位于上海市青浦区白鹤镇施家台村，31°14′40.6″N，121°09′41.8″E，平
田，海拔 4.5 m，母质为河湖相沉积物。种植制度为小麦/油菜-水稻轮作或单季稻。调查
时间 2011 年 11 月，编号 31-032。

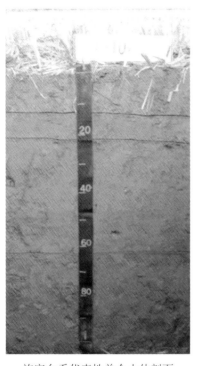

Ap1：0～13 cm，浊黄橙色（10YR 7/4，干），浊黄橙色（10YR 7/3，润）；粉砂壤土，发育强的直径＜5mm碎块状结构，疏松；结构面有＜2%锈纹锈斑，土体中有 2～3 个虫孔；平滑清晰过渡。

Ap2：13～21 cm，浊黄橙色（10YR 7/4，干），浊黄橙色（10YR 7/3，润）；粉砂壤土，发育强的直径 5～10 mm 块状结构，坚实；结构面有＜2%锈纹锈斑；平滑清晰过渡。

Br1：21～62 cm，浊黄橙色（10YR 6/3，干），灰黄棕色（10YR 6/2，润）；粉砂壤土，发育强的直径 10～20 mm 块状结构，稍坚实；结构面有 2%～5%锈纹锈斑；波状渐变过渡。

Br2：62～87 cm，灰黄棕色（10YR 5/2，干），棕灰色（10YR 5/1，润）；粉砂质黏壤土，发育强的直径 10～20 mm 块状结构，很坚实；结构面有 5%～15%锈纹锈斑；波状渐变过渡。

Br3：87～110 cm，灰黄棕色（10YR 5/2，干），棕灰色（10YR 5/1，润）；粉砂壤土，发育中等的直径 10～20 mm 块状结构，稍坚实；结构面有 5%～15%锈纹锈斑。

施家台系代表性单个土体剖面

施家台系代表性单个土体物理性质

土层	深度/cm	砾石 (2mm，体积分数) /%	细土颗粒组成（粒径：mm）/（g/kg）			细土质地	容重 /（g/cm³）
			砂粒 2～0.05	粉粒 0.05～0.002	黏粒 ＜0.002		
Ap1	0～13	0	109	637	254	粉砂壤土	1.36
Ap2	13～21	2	101	720	179	粉砂壤土	1.55
Br1	21～62	2	86	706	208	粉砂壤土	1.48
Br2	62～87	0	55	668	277	粉砂质黏壤土	1.59
Br3	87～110	0	95	674	231	粉砂壤土	1.47

施家台系代表性单个土体化学性质

深度/cm	pH	有机质 /（g/kg）	全氮（N） /（g/kg）	全磷（P_2O_5） /（g/kg）	全钾（K_2O） /（g/kg）	阳离子交换量 /（cmol/kg）	游离氧化铁 /（g/kg）
0～13	7.0	14.3	0.92	2.95	24.3	11.0	9.5
13～21	7.4	11.5	0.73	2.32	24.5	13.0	9.6
21～62	7.1	16.1	1.00	2.14	25.9	12.1	11.3
62～87	7.2	5.8	0.42	0.88	28.8	11.1	13.7
87～110	7.4	5.7	0.59	1.25	28.4	11.9	19.8

4.4.2 张堰系（Zhangyan Series）

土 族：黏壤质硅质混合型非酸性热性-普通铁聚水耕人为土
拟定者：杨金玲，黄 标，李德成

分布与环境条件 主要分布在上海市青浦、金山、松江和嘉定境内，地形为湖沼平原稍高地段，为平田、高平田或湖滨高田，海拔约 4 m；稳定地下水位都在 1 m 以下，成土母质为湖相沉积物；水田，轮作制度主要为小麦/油菜-水稻轮作或单季稻。北亚热带湿润季风气候，年均日照时数 2014 h，年均气温 15.7℃，年均降水量 1222 mm，无霜期 230 d。

张堰系典型景观

土系特征与变幅 诊断层包括水耕表层和水耕氧化还原层；诊断特性包括人为滞水土壤水分状况、氧化还原特征和热性土壤温度状况。土体厚度 1 m 以上；水耕氧化还原层结构面有 10%～40%的锈纹锈斑，土体中有 2%左右直径 2～3 mm 褐色软小铁锰结核；矿质土表以下 30～40 cm 土体游离氧化铁含量为表层的 2.5～3.0 倍，铁聚积层厚度 10～20 cm。层次质地构型为粉砂质黏壤土-粉砂壤土。pH 为 5.4～8.5；通体无石灰反应。

对比土系 施家台系，同一土族，但施家台系层次质地构型为粉砂壤土-粉砂质黏壤土-粉砂壤土，80～120 cm 的铁聚积层次游离氧化铁含量为表层的 2.0～2.5 倍，厚度 20～30 cm。

利用性能综述 土体深厚，质地黏重，耕性差，但养分含量高，保肥供肥性能好。利用改良上：实行水旱轮作，做好田间沟系配套，改善土壤结构。

参比土种 青黄泥。

代表性单个土体 位于上海市金山区张堰镇，30°48′37.1″N，121°14′15.7″E，平田，海拔 4.0 m，母质为湖相沉积物。种植制度为小麦/油菜-水稻轮作或单季稻。调查时间 2011 年 6 月，编号 31-021。

Ap1：0～20 cm，浊黄色（2.5Y 6/3，干），暗灰黄色（2.5Y 5/2，润）；粉砂质黏壤土，发育强的直径<5 mm 碎块状状结构，极疏松；结构面有 5%～10%的锈纹锈斑，土体中有 2～3 个虫孔；平滑清晰过渡。

张堰系代表性单个土体剖面

Ap2: 20~27 cm，浊黄色（2.5Y 6/3，干），暗灰黄色（2.5Y 5/2，润）；粉砂质黏壤土，发育强的直径 10~20 mm 块状结构，稍坚实；结构面有 10%~15%的锈纹锈斑，土体中有 2~3 个虫孔；平滑清晰过渡。

Br1: 27~40 cm，灰黄色（2.5Y 6/2，干），黄灰色（2.5Y 5/1，润）；粉砂质黏壤土，发育强的直径 10~20 mm 块状结构，稍坚实；结构面有 15%~40%的锈纹锈斑，土体中有 1~2 个虫孔；波状渐变过渡。

Br2: 40~66 cm，灰黄色（2.5Y 6/2，干），黄灰色（2.5Y 5/1，润）；粉砂质黏壤土，发育强的直径 10~20 mm 块状结构，坚实；结构面有 10%~15%的锈纹锈斑；波状渐变过渡。

Br3: 66~80 cm，亮黄棕色（2.5Y 6/6，干），黄棕色（2.5Y 5/4，润）；粉砂质黏壤土，发育中等的直径 20~50 mm 块状结构，坚实；结构面有 10%~15%的锈纹锈斑；波状渐变过渡。

BrC: 80~120 cm，黄棕色（2.5Y 5/4，干），橄榄棕色（2.5Y 4/3，润）；粉砂壤土，发育弱的直径 20~50 mm 块状结构，很坚实；结构面有 10%~15%铁锰斑纹，土体中有 2%左右直径 2~3 mm 褐色软小铁锰结核。

张堰系代表性单个土体物理性质

土层	深度/cm	砾石（2mm，体积分数）/%	细土颗粒组成（粒径：mm）/（g/kg）			细土质地	容重/（g/cm³）
			砂粒 2~0.05	粉粒 0.05~0.002	黏粒 <0.002		
Ap1	0~20	0	56	608	336	粉砂质黏壤土	1.07
Ap2	20~27	0	59	614	327	粉砂质黏壤土	1.41
Br1	27~40	0	63	556	381	粉砂质黏壤土	1.44
Br2	40~66	2	59	572	369	粉砂质黏壤土	1.49
Br3	66~80	2	37	599	364	粉砂质黏壤土	1.50
BrC	80~120	2	92	740	168	粉砂壤土	1.54

张堰系代表性单个土体化学性质

深度/cm	pH	有机质/（g/kg）	全氮（N）/（g/kg）	全磷（P₂O₅）/（g/kg）	全钾（K₂O）/（g/kg）	阳离子交换量/（cmol/kg）	游离氧化铁/（g/kg）
0~20	5.5	43.8	2.54	1.30	29.3	20.6	7.8
20~27	5.4	48.7	2.73	2.26	28.0	19.7	14.2
27~40	6.6	13.5	0.94	1.43	29.8	16.0	19.2
40~66	7.3	9.8	0.86	1.27	31.1	16.1	14.4
66~80	7.5	8.6	0.63	1.37	32.2	15.6	16.9
80~120	8.3	5.9	0.62	1.26	29.8	9.7	13.2

4.4.3　庄行系〔Zhuanghang Series〕

土　　族：黏壤质硅质混合型非酸性热性-普通铁聚水耕人为土
拟定者：杨金玲，赵玉国，张甘霖

分布与环境条件　主要分布在上海市青浦、奉贤以及松江和金山，地形为沿江平原和滨海平原，海拔约 4 m；成土母质为江海沉积物；水田，轮作制度主要为小麦/油菜-水稻轮作或单季稻。北亚热带湿润季风气候，年均日照时数 2014 h，年均气温 15.7℃，年均降水量 1222 mm，无霜期 230 d。

庄行系典型景观

土系特征与变幅　本土系诊断层包括水耕表层和水耕氧化还原层；诊断特性包括人为滞水土壤水分状况、氧化还原特征和热性土壤温度状况。土体厚度 1 m 以上；土体氧化还原作用明显，自上而下增强，矿质土表以下 70～120 cm 土体结构面有 10%～15% 的铁锰斑纹，有铁锰结核，铁聚积层厚度 50～70 cm，游离氧化铁的含量为表层的 1.5～2.0 倍。剖面通体为粉砂壤土。pH 为 7.0～8.0；碳酸钙相当物含量 1～2 g/kg，通体无石灰反应。

对比土系　施家台系，同一土族，但施家台系剖面上下质地构型为粉砂壤土-粉砂质黏壤土-粉砂壤土，矿质土表以下 80～120 cm 的铁聚积层次游离氧化铁含量为表层的 2.0～2.5 倍，厚度 20～30 cm。

利用性能综述　土体深厚，质地适中，结持较疏松，耕性好，透气爽水，适宜种稻。利用改良上：①深耕，加厚耕作层；②实行水旱轮作，植稻期间要重视搁田措施，促使干湿交替，水气协调；③增施绿肥、农家肥和实行秸秆还田，以提高土壤肥力，改善土壤结构。

参比土种　砂身青黄土。

代表性单个土体　位于上海市奉贤区庄行镇芦泾村，30°55′11.2″N，121°23′30.4″E，平田，海拔 4.5 m，母质为江海沉积物。种植制度为小麦/油菜-水稻轮作或单季稻。调查时间 2011 年 11 月，编号 31-017。

Ap1：0～16 cm，暗灰黄色（2.5Y 5/2，干），黄灰色（2.5Y 5/1，润）；粉砂壤土，发育强的直径＜ 5 mm 碎块状结构，极疏松；结构面有＜2%的锈纹锈斑；平滑清晰过渡。

Ap2：16～21cm，暗灰黄色（2.5Y 5/2，干），黄灰色（2.5Y 5/1，润）；粉砂壤土，发育强的直径 5～10 mm 块状结构，稍坚实；结构面有 2%左右的锈纹锈斑；平滑清晰过渡。

Br1：21～50 cm，黄棕色（2.5Y 5/3，干），暗灰黄色（2.5Y5/2，润）；粉砂壤土，发育强的直径 10～20 mm 块状结构，稍坚实；结构面有 2%～5%的锈纹锈斑；波状渐变过渡。

Br2：50～73 cm，黄棕色（2.5Y 5/3，干），暗灰黄色（2.5Y 5/2，润）；粉砂壤土，发育强的直径 10～20 mm 块状结构，坚实；结构面有 5%～10%的锈纹锈斑；波状渐变过渡。

Br3：73～120 cm，灰黄色（2.5Y 6/2，干），黄灰色（2.5Y 6/1，润）；粉砂壤土，发育中等的直径 10～20 mm 块状结构，坚实；结构面有 10%～15%的铁锰斑纹；土体中有＜2%直径 2～3 mm 褐色软小铁锰结核。

庄行系代表性单个土体剖面

庄行系代表性单个土体物理性质

土层	深度/cm	砾石（2mm，体积分数）/%	细土颗粒组成（粒径：mm）/（g/kg）			细土质地	容重/（g/cm³）
			砂粒 2～0.05	粉粒 0.05～0.002	黏粒 ＜0.002		
Ap1	0～16	0	174	640	186	粉砂壤土	1.12
Ap2	16～21	0	115	671	214	粉砂壤土	1.29
Br1	21～50	2	95	701	204	粉砂壤土	1.38
Br2	50～73	2	108	690	202	粉砂壤土	1.42
Br3	73～120	2	90	696	214	粉砂壤土	1.48

庄行系代表性单个土体化学性质

深度/cm	pH	有机质/（g/kg）	全氮（N）/（g/kg）	全磷（P_2O_5）/（g/kg）	全钾（K_2O）/（g/kg）	阳离子交换量/（cmol/kg）	游离氧化铁/（g/kg）	$CaCO_3$/（g/kg）
0～16	7.2	31.4	2.01	2.81	27.7	17.1	26.2	2.0
16～21	7.8	19.5	1.38	1.89	29.6	15.9	30.1	1.7
21～50	7.9	14.4	0.99	1.73	29.4	14.5	26.8	1.1
50～73	7.8	11.8	0.88	1.27	30.2	15.0	40.8	1.3
73～120	7.6	5.4	0.50	3.07	25.7	13.6	40.7	1.7

4.5　底潜简育水耕人为土

4.5.1　山海系（Shanhai Series）

土　族：黏质混合型非酸性热性-底潜简育水耕人为土
拟定者：杨金玲，黄　标，张甘霖

分布与环境条件　主要分布在上海市青浦、松江和金山的湖沼平原，海拔约 3 m，地下水位一般在 50～80 cm 左右；成土母质为湖相沉积物；水田，轮作制度主要为小麦/油菜-水稻轮作或单季稻。北亚热带湿润季风气候，年均日照时数 2014 h，年均气温 15.7℃，年均降水量 1222 mm，无霜期 230 d。

山海系典型景观照

土系特征与变幅　诊断层包括水耕表层和水耕氧化还原层；诊断特性包括人为滞水土壤水分状况、潜育特征和热性土壤温度状况。土体厚度 1 m 以上；潜育特征出现在 60～110 cm。水耕氧化还原层结构面有 5%～10%铁锰斑纹，土体中有 2%左右直径 2～3 mm 褐色软小铁锰结核。剖面通体为粉砂质黏壤土。pH 为 6.3～7.6；通体无石灰反应。

对比土系　李河系，位于同一乡镇，空间位置相近，地形部位和成土母质一致，同一亚类但不同土族，颗粒大小级别为壤质。

利用性能综述　土体深厚，质地黏重，耕性较差。耕作层养分含量虽然较高，但供肥力较差。利用改良上：①挖深沟排水，降低地下水位；②实行水旱轮作，植稻期间要重视搁田措施，促使干湿交替，水气协调；③增施绿肥、农家肥和实行秸秆还田，以提高土壤肥力，改善土壤结构。

参比土种　荡田胶泥土。

代表性单个土体　位于上海市青浦区练塘镇山海村，30°58′49.7″N，121°04′00.5″E，平田，海拔 3.2 m，母质为湖相沉积物。种植制度为小麦/油菜-水稻轮作或单季稻。调查时间 2011 年 11 月，编号 31-037。

Ap1: 0～15 cm，黄灰色（2.5Y 6/1，干），黄灰色（2.5Y 4/1，润）；粉砂质黏壤土，发育强的直径<5 mm的碎块状结构，极疏松；结构体内有<2%锈纹锈斑，2%～5%砖瓦侵入体；平滑清晰过渡。

Ap2: 15～22 cm，灰黄色（2.5Y 6/2，干，暗灰黄色（2.5Y 5/2，润）；粉砂质黏壤土，发育强的直径10～20 mm块状结构，很坚实；土体中有2%左右直径2～3 mm褐色软小铁锰结核；2%～5%砖瓦侵入体；平滑清晰过渡。

Br: 22～65cm，暗灰黄色（2.5Y 5/2，干），暗灰黄色（2.5Y 4/2，润）；粉砂质黏壤土，发育强的直径10～20 mm块状结构，坚实；结构面有5%～10%铁锰斑纹，土体中2%左右直径2～3 mm褐色软小铁锰结核，<2%砖瓦侵入体；波状清晰过渡。

Bg: 65～110 cm，黄灰色（2.5Y 5/1，干），黄灰色（2.5Y 4/1，润）；粉砂质黏壤土，泥糊状，有亚铁反应；土体中有<2%砖瓦侵入体，有2%左右锈纹锈斑。

山海系代表性单个土体剖面照

山海系代表性单个土体物理性质

| 土层 | 深度/cm | 砾石（2mm，体积分数）/% | 细土颗粒组成（粒径：mm）/（g/kg） | | | 细土质地 | 容重/（g/cm³） |
			砂粒 2～0.05	粉粒 0.05～0.002	黏粒 <0.002		
Ap1	0～15	0	45	633	322	粉砂质黏壤土	1.10
Ap2	15～22	2	64	571	365	粉砂质黏壤土	1.56
Br	22～65	0	57	547	396	粉砂质黏壤土	1.45
Bg	65～110	0	65	535	400	粉砂质黏壤土	1.27

山海系代表性单个土体化学性质

深度/cm	pH	有机质/（g/kg）	全氮（N）/（g/kg）	全磷（P₂O₅）/（g/kg）	全钾（K₂O）/（g/kg）	阳离子交换量/（cmol/kg）	游离氧化铁/（g/kg）
0～15	6.3	35.7	1.98	1.85	25.8	18.9	14.1
15～22	7.5	10.6	0.68	1.23	28.2	15.8	18.1
22～65	7.5	10.8	0.63	1.13	28.0	16.2	18.0
65～110	7.6	19.4	0.96	0.95	28.2	18.7	19.7

4.5.2　侯南系（Hounan Series）

土　族：黏壤质硅质混合型石灰性热性-底潜简育水耕人为土
拟定者：杨金玲，李德成，刘　峰

分布与环境条件　主要分布在上海市崇明岛，地形为沿江平原和滨海平原，海拔约4 m；成土母质为河流冲积物；水田，轮作制度主要为小麦/油菜-水稻轮作或单季稻。北亚热带湿润季风气候，年均日照时数 2014 h，年均气温 15.7℃，年均降水量 1222 mm，无霜期 230 d。

侯南系典型景观

土系特征与变幅　诊断层包括水耕表层和水耕氧化还原层；诊断特性包括人为滞水土壤水分状况、氧化还原特征、潜育特征和热性土壤温度状况。土体厚度 1 m 以上；潜育特征出现在矿质土表以下 80~110 cm。水耕氧化还原层结构面有 2%~10%铁锰斑纹，土体中有 2%左右直径 2~3 mm 褐色软小铁锰结核。层次质地构型为粉砂壤土-粉砂质黏壤土-粉砂壤土。pH 为 7.5~8.5；碳酸钙相当物的含量为 2~50 g/kg，从表层向下逐渐增加，水耕表层以下土壤具有石灰反应。

对比土系　新丰系，同一亚类但不同土族，成土母质为河湖相沉积物，非酸性。

利用性能综述　土体深厚，耕作层为粉砂壤土，耕性较好，犁底层为粉砂质黏壤土，托水托肥性能较好。耕作层养分含量很高，供肥性能好。利用改良上：①完善灌排系统，达到轮灌轮作；②增施绿肥、农家肥和实行秸秆还田，以提高土壤肥力，改善土壤结构，提高作物产量。

参比土种　砂底砂夹黄。

代表性单个土体　位于上海市崇明县城桥镇侯南村，31°36′23.8″N，121°27′49.2″E，平田，海拔 4.5 m，母质为长江冲积物。种植制度为小麦/油菜-水稻轮作或单季稻。调查时间 2011 年 11 月，编号 31-004。

　　Ap1：0~15 cm，浊黄橙色（10YR 6/4，干），浊黄棕色（10YR 5/4，润）；粉砂壤土，发育强的直径<5 mm 碎块状结构，疏松；结构面有 2%左右的锈纹锈斑，土体中有 3~5 个贝壳；平滑清晰过渡。

Ap2：15～22 cm，浊黄橙色（10YR 6/4，干），浊黄棕色（10YR 5/4，润）；粉砂质黏壤土，发育强的直径 10～20 mm 块状结构，坚实；结构面有 2%～5% 的锈纹锈斑，土体中有 3～5 个贝壳；平滑清晰过渡。

Br1：22～43 cm，浊黄橙色（10YR 7/3，干），浊黄棕色（10YR 5/3，润）；粉砂壤土，发育强的直径 10～20 mm 块状结构，很坚实；结构面有 5%～10% 铁锰斑纹，土体中有 2% 左右直径 2～3 mm 褐色软小铁锰结核，3～5 个贝壳；中度石灰反应；波状渐变过渡。

Br2：43～80 cm，浊黄橙色（10YR 7/3，干），浊黄棕色（10YR 5/3，润）；粉砂壤土，发育中等的直径 10～20 mm 块状结构，坚实；结构面有 5%～10% 铁锰斑纹，土体中有 2% 左右直径 2～3 mm 褐色软小铁锰结核，3～5 个贝壳；强度石灰反应；平滑清晰过渡。

BgC：80～110 cm，淡灰色（10YR 7/1，干），棕灰色（10YR 4/1，润）；粉砂壤土，糊泥状，有亚铁反应；5～8 个贝壳，有 <2% 的锈纹锈斑，强度石灰反应。

侯南系代表性单个土体剖面

侯南系代表性单个土体物理性质

土层	深度/cm	砾石（2mm，体积分数）/%	细土颗粒组成（粒径：mm）/（g/kg）			细土质地	容重/（g/cm³）
			砂粒 2～0.05	粉粒 0.05～0.002	黏粒 <0.002		
Ap1	0～15	0	93	646	261	粉砂壤土	1.20
Ap2	15～22	0	87	640	273	粉砂质黏壤土	1.48
Br1	22～43	2	120	651	229	粉砂壤土	1.53
Br2	43～80	2	76	665	259	粉砂壤土	1.46
BgC	80～110	0	96	663	241	粉砂壤土	1.30

侯南系代表性单个土体化学性质

深度/cm	pH	有机质/（g/kg）	全氮（N）/（g/kg）	全磷（P₂O₅）/（g/kg）	全钾（K₂O）/（g/kg）	阳离子交换量/（cmol/kg）	游离氧化铁/（g/kg）	CaCO₃/（g/kg）
0～15	7.3	44.1	2.67	2.56	29.8	19.3	35.5	3.8
15～22	8.2	17.8	1.33	1.83	29.5	14.5	36.7	2.0
22～43	8.4	7.76	0.78	2.04	23.1	11.9	36.0	31.6
43～80	8.3	9.13	0.82	1.56	31.0	13.1	32.4	40.7
80～110	8.0	13.2	0.93	1.32	30.0	12.3	25.8	48.6

4.5.3　新丰系（Xinfeng Series）

土　族：黏壤质硅质混合型非酸性热性-底潜简育水耕人为土

拟定者：杨金玲，黄　标，张甘霖

分布与环境条件　主要分布在上海市青浦、金山、松江、奉贤和嘉定，地形为沿江平原和湖沼平原，海拔约 4 m；成土母质为河湖相沉积物；水田，轮作制度主要为小麦/油菜-水稻轮作或单季稻。北亚热带湿润季风气候，年均日照时数 2014 h，年均气温 15.7℃，年均降水量 1222 mm，无霜期 230 d。

新丰系典型景观

土系特征与变幅　诊断层包括水耕表层和水耕氧化还原层；诊断特性包括人为滞水土壤水分状况、氧化还原特征、潜育特征和热性土壤温度状况。土体厚度 1 m 以上；潜育特征出现在 60 cm 以下。水耕氧化还原层结构面有 2%～5%铁锰斑纹。层次质地构型为粉砂壤土-粉砂质黏壤土。pH 为 7.5～8.5；脱钙程度较高，碳酸钙相当物的含量为 1～7 g/kg，耕作层已无石灰反应，Br 层具有轻度石灰反应。

对比土系　赵巷系，同一土族，但 40～70 cm 有埋藏表层，水耕氧化还原层具有灰色胶膜。侯南系。同一亚类但不同土族，成土母质为河流冲积物，有石灰性。

利用性能综述　土体深厚，上层质地适中，耕性好，透气爽水，磷钾含量较高，但有机质含量偏低。底层黏重，深层滞水。利用改良上：①完善排水系统，防止土壤滞水积涝；②实行水旱轮作，植稻期间要重视搁田措施，促使干湿交替，水气协调；③增施绿肥、农家肥和实行秸秆还田，以提高土壤肥力，改善土壤结构。

参比土种　青黄土。

代表性单个土体　位于上海市青浦区重固镇新丰村，31°13′40.7″N，121°11′10.0″E，平田，海拔 4.5 m，母质为河湖相沉积物。种植制度为小麦/油菜-水稻轮作或单季稻。调查时间 2011 年 11 月，编号 31-034。

Ap1：0～17 cm，淡黄色（2.5Y 7/4，干），淡黄色（2.5Y 7/3，润）；粉砂壤土，发育强的直径<5 mm碎块状结构，疏松；结构面有<2%的锈纹锈斑，土体中有2～3条蚯蚓和蚯蚓孔道；平滑清晰过渡。

Ap2：17～25 cm，淡黄色（2.5Y 7/3，干），灰黄色（2.5Y 7/2，润）；粉砂壤土，发育强的直径5～10 mm块状结构，稍坚实；结构面有2%左右的锈纹锈斑，土体中有1～2条蚯蚓和蚯蚓孔道；平滑清晰过渡。

Br：25～77 cm，淡黄色（2.5Y 7/3，干），灰黄色（2.5Y 7/2，润）；粉砂壤土，发育强的直径10～20 mm块状结构，很坚实；结构面有2%～5%的铁锰斑纹；轻度石灰反应；波状渐变过渡。

Bg：77～110 cm，灰黄色（2.5Y 6/2，干），黄灰色（2.5Y 6/1，润）；粉砂质黏壤土，糊泥状，有亚铁反应；2%～5%的锈纹锈斑。

新丰系代表性单个土体剖面

新丰系代表性单个土体物理性质

| 土层 | 深度/cm | 砾石（2mm，体积分数）/% | 细土颗粒组成（粒径：mm）/（g/kg） | | | 细土质地 | 容重/（g/cm³） |
			砂粒 2～0.05	粉粒 0.05～0.002	黏粒 <0.002		
Ap1	0～17	0	66	731	203	粉砂壤土	1.25
Ap2	17～25	0	55	740	205	粉砂壤土	1.49
Br	25～77	0	52	768	180	粉砂壤土	1.60
Bg	77～110	0	31	648	321	粉砂质黏壤土	1.48

新丰系代表性单个土体化学性质

深度/cm	pH	有机质/（g/kg）	全氮（N）/（g/kg）	全磷（P₂O₅）/（g/kg）	全钾（K₂O）/（g/kg）	阳离子交换量/（cmol/kg）	游离氧化铁/（g/kg）	CaCO₃/（g/kg）
0～17	7.3	27.4	1.86	2.81	25.9	15.0	11.2	1.9
17～25	8.1	14.9	0.99	2.01	27.5	12.1	10.7	5.0
25～77	8.5	7.4	0.48	1.63	25.3	14.6	9.9	6.7
77～110	7.8	10.3	0.60	1.04	28.6	14.3	15.0	1.71

4.5.4　赵巷系（Zhaoxiang Series）

土　族：黏壤质硅质混合型非酸性热性-底潜简育水耕人为土
拟定者：杨金玲，黄　标，李德成

分布与环境条件　主要分布
在上海市西部淀泖洼地向碟
缘延伸地带，金山、青浦和
闵行西北较多，地形为湖沼
平原，海拔约 3 m；成土母质
为湖相沉积物；水田，轮作
制度主要为小麦/油菜-水稻
轮作或单季稻。北亚热带湿
润季风气候，年均日照时数
2014 h，年均气温 15.7℃，年
均降水量 1222 mm，无霜期
230 d。

赵巷系典型景观

土系特征与变幅　本土系诊断层包括水耕表层和水耕氧化还原层；诊断特性包括人为
滞水土壤水分状况、氧化还原特征、潜育特征和热性土壤温度状况。土体厚度 1 m 以
上；水耕氧化还原层结构面有 2%～10% 的铁锰斑纹，有灰色胶膜。70 cm 以下土体潜
育特征明显。层次质地构型为粉砂壤土-粉砂质黏壤土。矿质土表以下 40～70 cm 为埋
藏表层。pH 为 7.5～8.5；通体无石灰反应。
对比土系　新丰系，同一土族，但没有埋藏表层，无灰色胶膜，Br 层具有轻度石灰反应。
利用性能综述　土体深厚，水耕表层质地适中，疏松，养分含量较高，但水耕氧化还原
层质地略黏，地下水位较高，下层滞水严重。利用改良上：①挖深沟排水，降低地下水
位；②实行水旱轮作，植稻期间要重视搁田措施，促使干湿交替，水气协调；③增施绿
肥、农家肥和实行秸秆还田，以提高土壤肥力，改善土壤结构。
参比土种　青泥土。
代表性单个土体　位于上海市青浦区赵巷镇赵巷村，31°12′09.5″N，121°21′48.8″E，海拔
3.5 m，淀泖洼地，母质为湖相沉积物。种植制度为小麦/油菜-水稻轮作或单季稻。调查
时间 2011 年 11 月，编号 31-047。

　　Ap1：0～11 cm，灰橄榄色（5Y 5/3，干），灰橄榄色（5Y 5/2，润）；粉砂壤土，发育强的直径
<5mm 碎块状结构，疏松；结构面有<2% 左右的锈纹锈斑，土体中有 1～2 个贝壳；平滑清晰过渡。

Ap2：11～26cm，灰橄榄色（5Y 5/3，干），灰橄榄色（5Y 5/2，润）；粉砂壤土，发育强的直径10～20 mm块状结构，坚实；1～2个贝壳，结构面有<2%左右的锈纹锈斑；2%～5%螺壳；平滑清晰过渡。

Br：26～42 cm，灰橄榄色（5Y 5/3，干），灰橄榄色（5Y 5/2，润）；粉砂质黏壤土，发育强的直径20～50 mm块状结构，很坚实；结构面有5%～10%铁锰斑纹，2%左右灰色胶膜；平滑清晰过渡。

Abr：42～70 cm，橄榄黑色（5Y 2/2，干），黑色（5Y 2/1，润）；粉砂质黏壤土，弱块状结构，稍坚实，结构面有<2%左右的锈纹锈斑；波状渐变过渡。

Bg：70～110 cm，灰橄榄色（5Y 5/3，干），灰橄榄色（5Y 5/2，润）；粉砂质黏壤土，泥糊状，有亚铁反应；有5%～10%铁锰斑纹。

赵巷系代表性单个土体剖面

赵巷系代表性单个土体物理性质

| 土层 | 深度/cm | 砾石（2mm，体积分数）/% | 细土颗粒组成（粒径：mm）/（g/kg） | | | 细土质地 | 容重/（g/cm³） |
			砂粒 2～0.05	粉粒 0.05～0.002	黏粒 <0.002		
Ap1	0～11	0	75	673	252	粉砂壤土	1.28
Ap2	11～26	0	89	645	266	粉砂壤土	1.42
Br	26～42	0	54	665	281	粉砂质黏壤土	1.50
Abr	42～70	0	48	612	340	粉砂质黏壤土	1.24
Bg	70～110	0	49	612	339	粉砂质黏壤土	1.54

赵巷系代表性单个土体化学性质

深度/cm	pH	有机质/（g/kg）	全氮（N）/（g/kg）	全磷（P₂O₅）/（g/kg）	全钾（K₂O）/（g/kg）	阳离子交换量/（cmol/kg）	游离氧化铁/（g/kg）
0～11	7.6	38.1	2.34	3.93	26.9	19.0	23.3
11～26	8.1	27.9	1.72	2.15	26.9	16.6	23.5
26～42	7.9	14.8	0.78	1.17	26.3	12.6	19.9
42～70	7.7	36.3	2.27	0.91	26.7	24.1	18.9
70～110	7.7	7.2	0.47	0.87	29.1	12.9	14.6

4.5.5 李河系（Lihe Series）

土　　族：壤质硅质混合型非酸性热性-底潜简育水耕人为土
拟定者：杨金玲，黄　标，李德成

分布与环境条件　集中分布
于上海市青浦、金山和松江
三区的湖荡洼地，地形为湖
沼平原，海拔约 3 m；成土母
质为湖相沉积物，前身是沼
泽潜育土，由于地势低洼，
地下水位高；水田，轮作制
度主要为小麦/油菜-水稻轮
作或单季稻。北亚热带湿润
季风气候，年均日照时数
2014 h，年均气温 15.7℃，年
均降水量 1222 mm，无霜期
230 d。

李河系典型景观

土系特征与变幅　诊断层包括水耕表层和水耕氧化还原层；诊断特性包括人为滞水土壤
水分状况、氧化还原特征、潜育特征和热性土壤温度状况。土体厚度 1 m 以上；潜育特
征出现在 60 cm 以下。水耕氧化还原层结构面有 5%～10%锈纹锈斑。通体为粉砂壤土。
pH 为 5.5～8.0；通体无石灰反应。

对比土系　山海系，位于同一乡镇，空间位置相近，地形部位和成土母质一致，均无石
灰反应，潜育特征层出现的深度较一致，同一亚类但不同土族，颗粒大小级别为黏质。

利用性能综述　土体深厚，质地适中，保水保肥；而且表层土壤肥力较高，属于较好的
农田。但地下水位高，下层滞水。利用改良上：①挖深沟排水，降低地下水位和潜育程
度，搞好田间沟系配套，进一步提高土壤爽水性能；②实行水旱轮作，植稻期间要重视
搁田措施，促使干湿交替，水气协调；③增施绿肥、农家肥和实行秸秆还田，以进一步
提高土壤肥力，改善土壤结构。

参比土种　荡田青泥土。

代表性单个土体　位于上海市青浦区练塘镇李河村，31°01′37.2″N，121°00′47.9″E，湖荡
洼地，海拔 3.0m，母质为湖相沉积物。种植制度为小麦/油菜-水稻轮作或单季稻。调查
时间 2011 年 11 月，编号 31-038。

Ap1：0～15 cm，淡黄色（2.5Y 7/4，干），浊黄色（2.5Y 6/4，润）；粉砂壤土，发育强的直径＜5 mm 碎块状结构，极疏松；结构面有 10%～15% 的锈纹锈斑；平滑清晰过渡。

Ap2：15～25 cm，淡黄色（2.5Y 7/4，干），浊黄色（2.5Y 6/4，润）；粉砂壤土，发育强的直径 10～20 mm 块状结构，疏松；结构面有 5%～10% 的锈纹锈斑，土体中有 2～3 个贝壳；平滑清晰过渡。

Br：25～60 cm，灰黄色（2.5Y 6/2，干），黄灰色（2.5Y 6/1，润）；粉砂壤土，发育强的直径 10～20 mm 块状结构，坚实；结构面有 5%～10% 的锈纹锈斑，土体中有 2～3 个贝壳；波状渐变过渡。

Bg：60～100 cm，灰黄色（2.5Y 6/2，干），黄灰色（2.5Y 6/1，润）；粉砂壤土，泥糊状，有亚铁反应；2%～5% 的锈纹锈斑。

李河系代表性单个土体剖面

李河系代表性单个土体物理性质

| 土层 | 深度/cm | 砾石（2mm，体积分数）/% | 细土颗粒组成（粒径：mm）/（g/kg） | | | 细土质地 | 容重/（g/cm³） |
			砂粒 2～0.05	粉粒 0.05～0.002	黏粒 ＜0.002		
Ap1	0～15	0	64	717	219	粉砂壤土	0.78
Ap2	15～25	0	50	724	226	粉砂壤土	1.24
Br	25～60	0	25	760	215	粉砂壤土	1.40
Bg	60～100	0	23	823	154	粉砂壤土	1.26

李河系代表性单个土体化学性质

深度/cm	pH	有机质/（g/kg）	全氮（N）/（g/kg）	全磷（P₂O₅）/（g/kg）	全钾（K₂O）/（g/kg）	阳离子交换量/（cmol/kg）	游离氧化铁/（g/kg）
0～15	5.7	39.1	2.28	3.03	24.5	17.7	15.4
15～25	7.2	21.7	1.15	1.56	25.3	13.3	13.9
25～60	7.5	14.9	0.77	1.43	25.0	10.8	12.7
60～100	7.7	13.3	0.74	1.49	25.1	9.8	12.7

4.6 普通简育水耕人为土

4.6.1 大椿系（Dachun Series）

土　族：黏壤质硅质混合型石灰性热性-普通简育水耕人为土
拟定者：杨金玲，张甘霖，黄来明

分布与环境条件　主要分布在上海市崇明岛中部，地形为沿江平原和滨海平原，海拔约 4 m；成土母质为河流冲积物；水田，轮作制度主要为小麦/油菜-水稻轮作或单季稻。北亚热带湿润季风气候，年均日照时数 2014 h，年均气温 15.7℃，年均降水量 1222 mm，无霜期 230 d。

大椿系典型景观

土系特征与变幅　诊断层包括水耕表层和水耕氧化还原层；诊断特性包括人为滞水土壤水分状况、氧化还原特征和热性土壤温度状况。土体厚度 1 m 以上；水耕氧化还原层结构面有 2%～10%的铁锰斑纹。100 cm 以下冲积层理明显。层次质地构型为粉砂壤土-粉砂质黏壤土-粉砂壤土。pH 为 8.0～8.5；碳酸钙相当物含量较高 10～50 g/kg，有轻度-强度石灰反应。

对比土系　山阳系，同一土族，但水耕氧化还原层结构面有 2%左右的铁锰斑纹，层次质地构型为粉砂质黏壤土-粉砂壤土-粉砂质黏壤土，水耕表层无石灰反应。屏东系，位于同一乡镇，空间位置相近，不同土纲，为冲积新成土。

利用性能综述　土体深厚，耕作层质地适中，耕性好，通透性好，爽水透气，养分含量不高，耕作层偏薄。犁底层质地偏黏，托水托肥。利用改良上应：①深耕，加厚耕作层；②水旱轮作，做到能灌能排；③增施绿肥、化学氮肥、农家肥和实行秸秆还田，以提高土壤肥力，改善土壤结构。

参比土种　小粉泥。

代表性单个土体　位于上海市崇明县竖新镇大椿村，31°37′09.6″N，121°33′56.0″E，平田，海拔 4.0 m，母质为长江冲积物。种植制度为小麦/油菜-水稻轮作或单季稻。调查时间 2011 年 6 月，编号 31-011。

Ap1：0～15 cm，灰黄棕色（10YR 6/2，干），灰黄棕色（10YR 5/2，润）；粉砂壤土，发育强的直径1～2 mm碎块状结构，疏松；结构面有＜2%的锈纹锈斑，轻度石灰反应；平滑清晰过渡。

Ap2：15～25 cm，浊黄橙色（10YR 7/3，干），浊黄橙色（10YR 6/3，润）；粉砂质黏壤土，发育强的直径5～10 mm块状结构，坚实；结构面有2%～5%的铁锰斑纹；中度石灰反应；平滑清晰过渡。

Br1：25～70cm，浊黄橙色（10YR 7/3，干），浊黄橙色（10YR 6/3，润）；粉砂壤土，发育强的直径10～20 mm块状结构，很坚实；结构面有2%～5%铁锰斑纹；强度石灰反应；平滑渐变过渡。

Br2：70～100 cm，浊黄橙色（10YR 7/2，干），灰黄棕色（10YR 6/2，润）；粉砂壤土，发育中等的直径10～20 mm块状结构，很坚实；结构面有2%～5%的锈纹锈斑；强度石灰反应；平滑渐变边界。

BrC：100～130 cm，浊黄橙色（10YR 7/2，干），灰黄棕色（10YR 6/2，润）；粉砂壤土，冲积层理明显，有5%～10%的锈纹锈斑，强度石灰反应。

大椿系代表性单个土体剖面

大椿系代表性单个土体物理性质

| 土层 | 深度/cm | 砾石（2mm，体积分数）/% | 细土颗粒组成（粒径：mm）/（g/kg） | | | 细土质地 | 容重/（g/cm³） |
			砂粒 2～0.05	粉粒 0.05～0.002	黏粒 ＜0.002		
Ap1	0～15	0	250	594	156	粉砂壤土	1.08
Ap2	15～25	0	203	625	172	粉砂质黏壤土	1.44
Br1	25～70	0	138	678	183	粉砂壤土	1.54
Br2	70～100	0	97	668	235	粉砂壤土	1.50
BrC	100～130	0	65	713	222	粉砂壤土	1.38

大椿系代表性单个土体化学性质

深度/cm	pH	有机质/（g/kg）	全氮（N）/（g/kg）	全磷（P_2O_5）/（g/kg）	全钾（K_2O）/（g/kg）	阳离子交换量/（cmol/kg）	游离氧化铁/（g/kg）	$CaCO_3$/（g/kg）
0～15	8.2	23.6	1.50	2.36	24.9	11.8	27.0	11.7
15～25	8.3	18.9	1.22	1.43	28.3	11.1	28.0	27.4
25～70	8.5	6.8	0.60	1.42	28.1	10.32	30.3	38.0
70～100	8.5	5.9	0.55	1.40	33.4	9.4	29.9	43.1
100～130	8.4	6.3	0.61	2.90	27.1	13.8	36.2	47.7

4.6.2　大团系（Datuan Series）

土　族：黏壤质硅质混合型石灰性热性-普通简育水耕人为土
拟定者：杨金玲，张甘霖，杨　飞

分布与环境条件　主要分布在上海市浦东新区和奉贤钦公塘东侧，地形为沿江平原和滨海平原，海拔约 4 m；成土母质为江海沉积物；水田，轮作制度主要为小麦/油菜-水稻轮作或单季稻。北亚热带湿润季风气候，年均日照时数 2014 h，年均气温 15.7℃，年均降水量 1222 mm，无霜期 230 d。

大团系典型景观

土系特征与变幅　诊断层包括水耕表层和水耕氧化还原层；诊断特性包括人为滞水土壤水分状况、氧化还原特征和热性土壤温度状况。土体厚度 1 m 以上；水耕氧化还原层结构面有 2%～10%的铁锰斑纹和 2%左右灰色胶膜，土体中有 2%～5%直径 2～3 mm 褐色软小铁锰结核。层次质地构型为粉砂质黏壤土-粉砂壤土交替。pH 为 8.0～8.5；碳酸钙相当物含量 20～50 g/kg，从表层向下逐渐增加，通体具有强度石灰反应。

对比土系　谢家系和星火系，同一土族，但谢家系剖面上下质地构型为粉砂壤土-粉砂质黏壤土，星火系通体为粉砂壤土；谢家系和星火系均脱钙程度相对较强，水耕表层已不具石灰反应，水耕氧化还原层具有轻度-中度石灰反应。

利用性能综述　土体深厚，质地较适中，但下层紧实，透水性弱，耕作层有机质、氮、磷含量低。利用改良上：①水旱轮作，植稻期间要重视搁田措施，促使干湿交替，水气协调；②增施绿肥、氮磷肥、农家肥和实行秸秆还田，以提高土壤肥力，改善土壤结构。

参比土种　黄夹砂。

代表性单个土体　位于上海市浦东新区大团镇周埠村，30°59′56.4″N，121°45′51.0″E，平田，海拔 4.0 m，母质为江海沉积物。种植制度为小麦/油菜-水稻轮作或单季稻。调查时间 2011 年 11 月，编号 31-025。

大团系代表性单个土体剖面

Ap1：0～20 cm，浊黄橙色（10YR 6/3，干），浊黄棕色（10YR 5/3，润）；粉砂质黏壤土，发育强的直径＜5 mm 的碎状结构，疏松；结构面有＜2%的锈纹锈斑；强度石灰反应；平滑清晰过渡。

Ap2：20～28 cm，灰黄棕色（10YR 6/2，干），灰黄棕色（10YR 4/2，润）；粉砂壤土，发育强的直径 5～10 mm 块状结构，稍坚实；结构面有＜2%的锈纹锈斑；强度石灰反应；平滑清晰过渡。

Br1：28～57 cm，浊黄橙色（10YR 6/4，干），浊黄棕色（10YR 5/3，润）；粉砂质黏壤土，发育强的直径 10～20 mm 棱块状结构，很坚实；结构面有 2%～5%的铁锰斑纹；土体中 2%左右直径 2～3 mm 褐色软小铁锰结核；强度石灰反应；波状渐变过渡。

Br2：57～110 cm，浊黄橙色（10YR 7/3，干），浊黄橙色（10YR 6/3，润）；粉砂壤土，发育中等的直径 10～20 mm 棱块状结构，很坚实；结构面有 2%左右灰色胶膜，5%～10%的

铁锰斑纹；强度石灰反应。

大团系代表性单个土体物理性质

| 土层 | 深度/cm | 砾石（2mm，体积分数）/% | 细土颗粒组成（粒径：mm）/（g/kg） | | | 细土质地 | 容重/（g/cm³） |
			砂粒 2～0.05	粉粒 0.05～0.002	黏粒 ＜0.002		
Ap1	0～20	0	97	616	287	粉砂质黏壤土	1.08
Ap2	20～28	0	74	658	268	粉砂壤土	1.24
Br1	28～57	2	26	701	273	粉砂质黏壤土	1.50
Br2	57～110	2	77	676	247	粉砂壤土	1.50

大团系代表性单个土体化学性质

深度/cm	pH	有机质/（g/kg）	全氮（N）/（g/kg）	全磷（P₂O₅）/（g/kg）	全钾（K₂O）/（g/kg）	阳离子交换量/（cmol/kg）	游离氧化铁/（g/kg）	CaCO₃/（g/kg）
0～20	8.2	16.8	1.15	1.93	29.3	14.3	29.2	23.1
20～28	8.1	32.2	1.87	2.45	29.1	14.4	24.8	24.3
28～57	8.4	6.8	0.63	1.24	31.2	13.7	33.5	40.9
57～110	8.5	3.8	0.38	1.52	26.1	7.3	23.6	49.2

4.6.3 老港系（Laogang Series）

土　族：黏壤质硅质混合型石灰性热性-普通简育水耕人为土
拟定者：杨金玲，赵玉国，张甘霖

分布与环境条件　主要分布在上海市川沙、浦东新区和奉贤境内的钦公塘东侧，宝山的长兴、横沙两岛和沿江地段，以及崇明岛南部，地形为沿江平原和滨海平原，海拔约 3 m；成土母质为江海沉积物；水田，轮作制度主要为小麦/油菜-水稻轮作或单季稻。北亚热带湿润季风气候，年均日照时数 2014 h，年均气温 15.7℃，年均降水量 1222 mm，无霜期 230 d。

老港系典型景观

土系特征与变幅　诊断层包括水耕表层和水耕氧化还原层；诊断特性包括人为滞水土壤水分状况、氧化还原特征和热性土壤温度状况。土体厚度 1 m 以上；水耕氧化还原层结构面有 5%～15% 的锈纹锈斑，土体中有 2% 左右直径 2～3 mm 褐色软小铁锰结核。层次质地构型为壤土-粉砂壤土；通体具有较多细小的云母片；40 cm 以下为埋藏层。pH 为 7.5～8.5；碳酸钙相当物的含量为 45～60 g/kg，通体具有强度石灰反应。

对比土系　泥城系，同一土族，但泥城系没有埋藏老表层，且通体为粉砂壤土。桃博园系，位于同一乡镇，空间位置相近，但是不同土纲，为潮湿雏形土。

利用性能综述　土体深厚，质地适中，上砂下黏，爽水、保肥、供肥力强，宜种性较宽，适宜种植棉、麦、油、稻、瓜果、蔬菜皆宜，但养分含量低。利用改良上要增施绿肥、农家肥和实行秸秆还田，以提高土壤肥力，改善土壤结构。适量使用化肥，以增加作物产量。

参比土种　小粉青黄泥。

代表性单个土体　位于上海市浦东新区老港镇牛肚村，31°02′53.8″N，121°49′11.7″E，平田，海拔 3.2 m，母质为江海沉积物。种植制度为小麦/油菜-水稻轮作或单季稻。调查时间 2011 年 11 月，编号 31-027。

　　Ap1：0～13 cm，灰黄色（2.5Y 7/2，干），暗灰黄色（2.5Y 5/2，润）；壤土，发育强的直径<5 mm 碎块状结构，疏松；结构面有 10%～15% 锈纹锈斑，土体中有较多蚯蚓；中度石灰反应；平滑清晰过渡。

老港系代表性单个土体剖面

Ap2：13～19 cm，灰黄色（2.5Y 7/2，干），暗灰黄色（2.5Y 5/2，润）；壤土，发育强的直径 10～20 mm 块状结构，稍坚实；结构面有 10%～15%锈纹锈斑，土体中有 2%～5%非常小的螺壳；强度石灰反应；平滑清晰过渡。

Br：19～45 cm，淡黄色（2.5Y 7/4，干），浊黄色（2.5Y 6/4，润）；粉砂壤土，发育中等的直径 10～20 mm 块状结构，坚实；结构面有 5%～10%锈纹锈斑，土体中有 2%左右直径 2～3 mm 褐色软小铁锰结核；强度石灰反应；平滑清晰过渡。

Abr：45～78 cm，暗灰黄色（2.5Y 5/2，干），暗灰黄色（2.5Y 4/2，润）；粉砂壤土，发育弱的直径 20～50 mm 块状结构，疏松；结构面有 2%～5%锈纹锈斑；强度石灰反应；平滑清晰过渡。

BrC：78～110 cm，亮黄棕色（2.5Y 7/6，干），浊黄色（2.5Y 6/4，润）；粉砂壤土，发育弱的直径 10～20 mm 块状结构，坚实；结构面有 10%～15%锈纹锈斑，土体中有 2%～5%非常小的螺壳；强度石灰反应。

老港系代表性单个土体物理性质

| 土层 | 深度/cm | 砾石（2mm，体积分数）/% | 细土颗粒组成（粒径：mm）/（g/kg） | | | 细土质地 | 容重/（g/cm³） |
			砂粒 2～0.05	粉粒 0.05～0.002	黏粒 <0.002		
Ap1	0～13	0	391	456	153	壤土	1.31
Ap2	13～19	0	378	478	144	壤土	1.45
Br	19～45	2	225	562	213	粉砂壤土	1.43
Abr	45～78	0	212	568	220	粉砂壤土	1.28
BrC	78～110	0	74	664	262	粉砂壤土	1.46

老港系代表性单个土体化学性质

深度/cm	pH	有机质/（g/kg）	全氮（N）/（g/kg）	全磷（P_2O_5）/（g/kg）	全钾（K_2O）/（g/kg）	阳离子交换量/（cmol/kg）	游离氧化铁/（g/kg）	$CaCO_3$/（g/kg）
0～13	8.1	15.7	0.80	1.53	24.7	6.94	19.0	46.2
13～19	8.3	7.4	0.42	1.44	23.4	5.2	18.3	57.7
19～45	8.0	12.9	0.62	1.69	26.0	9.5	26.6	58.5
45～78	7.9	17.0	0.76	1.73	27.6	11.3	25.7	59.8
78～110	8.2	9.6	0.57	1.47	27.0	9.8	25.8	53.0

4.6.4 绿华系（Luhua Series）

土　族：黏壤质硅质混合型石灰性热性-普通简育水耕人为土
拟定者：杨金玲，李德成，刘　峰

分布与环境条件　主要分布在上海市崇明岛，地形为沿江平原和滨海平原，海拔约4 m；成土母质为河流冲积物；水田，轮作制度主要为小麦/油菜-水稻轮作或单季稻。北亚热带湿润季风气候，年均日照时数 2014 h，年均气温15.7℃，年均降水量 1222 mm，无霜期 230 d。

绿华系典型景观

土系特征与变幅　诊断层包括水耕表层和水耕氧化还原层；诊断特性包括人为滞水土壤水分状况、氧化还原特征和热性土壤温度状况。土体厚度 1 m 以上；水耕氧化还原层结构面有 5%～15%的铁锰斑纹或 2%～10%的锈纹锈斑。80 cm 以下土体发育弱，冲积层理明显。层次质地构型为粉砂壤土-粉砂质黏壤土-粉砂壤土。pH 为 8.0～8.5；碳酸钙相当物含量较高 40～80 g/kg，通体具有强度石灰反应。

对比土系　小竖系和瀛南系，同一土族，但小竖系和瀛南系水耕氧化还原层均有小铁锰结核，土体为粉砂壤土；且小竖系水耕氧化还原层中有白色碳酸钙结核，瀛南系水耕表层无石灰反应，水耕氧化还原层具有轻度-中度石灰反应。

利用性能综述　土体深厚，耕作层质地适中，耕性好，通透性好，爽水透气，养分含量较高，但耕作层偏薄。犁底层质地偏黏，托水托肥。利用改良上应：①深耕，加厚耕作层；②增施绿肥、农家肥和实行秸秆还田，以提高土壤肥力，改善土壤结构。

参比土种　砂底黄夹砂。

代表性单个土体　位于上海市崇明县绿华镇绿阅村，31°46′08.5″N，121°12′13.3″E，平田，海拔 4.0 m，母质为长江冲积物。种植制度为小麦/油菜-水稻轮作或单季稻。调查时间 2011年 6 月，编号 31-006。

　　Ap1：0～15 cm，浊黄橙色（10YR 6/3，干），浊黄棕色（10YR 4/3，润）；粉砂壤土，发育强的直径＜5 mm 碎块状结构，极疏松；土体中有 3～4 条蚯蚓，＜2%的锈纹锈斑；强度石灰反应；平滑清晰过渡。

Ap2：15～22 cm，浊黄橙色（10YR 6/3，干），浊黄棕色（10YR 4/3，润）；粉砂质黏壤土，发育强的直径 5～10 mm 块状结构，坚实；土体中有 3～4 条蚯蚓，结构面有 5%～10% 的锈纹锈斑；强度石灰反应；平滑清晰过渡。

Br1：22～47 cm，灰黄棕色（10YR 6/2，干），灰黄棕色（10YR 5/2，润）；粉砂壤土，发育中等的直径 10～20 mm 块状结构，稍坚实；结构面有 5%～15%铁锰斑纹；强度石灰反应；平滑清晰过渡。

Br2：47～80 cm，淡黄橙色（10YR 8/3，干），浊黄橙色（10YR 6/3，润）；粉砂壤土，发育弱的直径 10～20 mm 块状结构，疏松；结构面有 5%～10%的锈纹锈斑；强度石灰反应，向下层平滑清晰过度。

Cr：80～110 cm，淡黄橙色（10YR 8/3，干），浊黄橙色（10YR 6/3，润）；粉砂壤土，疏松，冲积层理明显，2%～5% 的锈纹锈斑；强度石灰反应。

绿华系代表性单个土体剖面

绿华系代表性单个土体物理性质

| 土层 | 深度/cm | 砾石（2mm，体积分数）/% | 细土颗粒组成（粒径：mm）/（g/kg） | | | 细土质地 | 容重/（g/cm³） |
			砂粒 2～0.05	粉粒 0.05～0.002	黏粒 <0.002		
Ap1	0～15	0	131	644	225	粉砂壤土	1.05
Ap2	15～22	0	85	637	278	粉砂质黏壤土	1.43
Br1	22～47	0	91	650	259	粉砂壤土	1.35
Br2	47～80	0	172	662	166	粉砂壤土	1.22
Cr	80～110	0	147	655	198	粉砂壤土	1.24

绿华系代表性单个土体化学性质

深度/cm	pH	有机质/（g/kg）	全氮（N）/（g/kg）	全磷（P₂O₅）/（g/kg）	全钾（K₂O）/（g/kg）	阳离子交换量/（cmol/kg）	游离氧化铁/（g/kg）	CaCO₃/（g/kg）
0～15	8.1	37.9	2.20	3.25	29.2	17.0	47.5	44.0
15～22	8.2	24.9	1.33	2.20	30.3	15.0	50.9	50.3
22～47	8.3	18.1	1.08	1.84	30.3	13.9	44.6	55.4
47～80	8.5	10.6	0.66	1.46	28.0	8.5	33.2	75.2
80～110	8.4	12.6	0.77	1.41	28.1	9.9	35.6	59.6

4.6.5　鹿溪系（Luxi Series）

土　　族：黏壤质硅质混合型石灰性热性-普通简育水耕人为土
拟定者：杨金玲，张甘霖，杨　飞

分布与环境条件　主要分布
在上海市浦东新区的周浦、
新场和惠南，地形为沿江平
原和滨海平原，海拔约 4 m；
成土母质为江海沉积物；水
田，轮作制度主要为小麦/油
菜-水稻轮作或单季稻。北亚
热带湿润季风气候，年均日
照时数 2014 h，年均气温
15.7℃，年均降水量 1222 mm，
无霜期 230 d。

鹿溪系典型景观

土系特征与变幅　诊断层包括水耕表层和水耕氧化还原层；诊断特性包括人为滞水土壤
水分状况、氧化还原特征和热性土壤温度状况。土体厚度 1 m 以上；水耕氧化还原层结
构面有 2%～5%的铁锰斑纹和 2%左右灰色胶膜，土体中有小铁锰结核。层次质地构型为
粉砂质黏壤土-粉砂壤土-粉砂质黏壤土。pH 为 7.5～8.5；碳酸钙相当物含量 5.0～50 g/kg，
从表层向下逐渐增加，水耕氧化还原层具有中度-强度石灰反应。
对比土系　罗店系，同一土族，但无灰色胶膜，通体为粉砂壤土，水耕氧化还原层轻度
石灰反应。
利用性能综述　土体深厚，质地偏黏，耕性较差，保水保肥性能较好，但耕作层偏浅，
有机质含量略低。利用改良上：①在保证灌排的基础上，深耕，加厚耕作层；②增施绿
肥、农家肥和实行秸秆还田，以提高土壤肥力，改善土壤结构。
参比土种　黄潮泥。
代表性单个土体　位于上海市浦东新区六灶镇鹿溪村，31°06′31.0″N，121°44′41.1″E，平
田，海拔 4.0 m，母质为江海沉积物。种植制度为小麦/油菜-水稻轮作或单季稻。调查时
间 2011 年 11 月，编号 31-042。

　　Ap1：0～16 cm，浊黄橙色（10YR6/3，干），灰黄棕色（10YR6/2，润）；粉砂质黏壤土，发育
强的直径<5 mm 的碎块状结构，疏松；结构面有<2%的锈纹锈斑；中度石灰反应；平滑清晰过渡。

　　Ap2：16～26 cm，浊黄橙色（10YR6/3，干），灰黄棕色（10YR6/2，润）；粉砂质黏壤土，发育
强的直径 5～10 mm 块状结构，稍坚实；结构面有 2%左右的铁锰斑纹和直径 2～3 mm 褐色软小铁锰结
核；轻度石灰反应；平滑清晰过渡。

Br1：26～50 cm，浊黄橙色（10YR6/3，干），灰黄棕色（10YR6/2，润）；粉砂质黏壤土，发育强的直径 10～20 mm 棱块状结构，很坚实；结构面有 2%～5%左右铁锰斑纹，土体中有 2%左右灰色胶膜，直径 2～3 mm 褐色软小铁锰结核；中度石灰反应；波状渐变过渡。

Br2：50～95 cm，浊黄橙色（10YR 6/4，干），浊黄橙色（10YR6/3，润）；粉砂壤土，发育强的直径 10～20 mm 块状结构，很坚实；结构面有 2%～5%铁锰斑纹和 2%左右灰色胶膜，土体中有直径 2～3 mm 褐色软小铁锰结核；强度石灰反应；波状渐变过渡。

Br3：95～120 cm，浊黄橙色（10YR 6/4，干），浊黄橙色（10YR6/3，润）；粉砂质黏壤土，发育中等的直径 10～20 mm 块状结构，很坚实；结构面有 2%～5%的铁锰斑纹，土体中有 2%左右直径 2～3 mm 褐色软小铁锰结核；强度石灰反应。

鹿溪系代表性单个土体剖面

鹿溪系代表性单个土体物理性质

| 土层 | 深度/cm | 砾石（2mm，体积分数）/% | 细土颗粒组成（粒径：mm）/（g/kg） | | | 细土质地 | 容重/（g/cm³） |
			砂粒 2～0.05	粉粒 0.05～0.002	黏粒 <0.002		
Ap1	0～16	0	68	636	296	粉砂质黏壤土	1.13
Ap2	16～26	2	64	656	280	粉砂质黏壤土	1.38
Br1	26～50	2	54	665	281	粉砂质黏壤土	1.60
Br2	50～95	2	64	679	257	粉砂壤土	1.62
Br3	95～120	2	77	645	278	粉砂质黏壤土	1.58

鹿溪系代表性单个土体化学性质

深度/cm	pH	有机质/（g/kg）	全氮（N）/（g/kg）	全磷（P_2O_5）/（g/kg）	全钾（K_2O）/（g/kg）	阳离子交换量/（cmol/kg）	游离氧化铁/（g/kg）	$CaCO_3$/（g/kg）
0～16	7.9	25.6	2.12	2.68	32.7	16.8	27.9	5.6
16～26	8.1	21.3	1.46	1.93	30.0	15.9	26.8	7.1
26～50	8.4	10.5	0.83	1.46	30.3	14.3	26.2	15.4
50～95	8.5	5.8	0.47	1.31	28.8	12.0	25.2	41.1
95～120	8.5	5.0	0.48	1.32	28.1	10.4	25.5	45.8

4.6.6　罗店系（Luodian Series）

土　族：黏壤质硅质混合型石灰性热性-普通简育水耕人为土
拟定者：杨金玲，赵玉国，李德成

分布与环境条件　主要
分布在上海市宝山和嘉
定，松江和青浦少量分布，
地形为沿江平原和滨海
平原，海拔约 3 m；成土
母质为江海沉积物；种植
制度为小麦-水稻轮作或
单季稻。北亚热带湿润季
风气候，年均日照时数
2014 h，年均气温 15.7℃，
年均降水量 1222 mm，无
霜期 230 d。

罗店系典型景观照

土系特征与变幅　诊断层包括水耕表层和水耕氧化还原层；诊断特性包括人为滞水土壤
水分状况、氧化还原特征和热性土壤温度状况。土体厚度 1 m 以上；水耕氧化还原层结
构面有 2%～5%的铁锰斑纹，土体中有 2%左右直径 2～3 mm 褐色软小铁锰结核。通体
为粉砂壤土。pH 为 7.0～8.0；碳酸钙相当物的含量为 3.0～25 g/kg，水耕氧化还原层有
轻度石灰反应。

对比土系　鹿溪系，同一土族，但水耕氧化还原层结构面可见灰色胶膜，层次质地构型
为粉砂质黏壤土-粉砂壤土-粉砂质黏壤土，水耕氧化还原层具有中度-强度石灰反应。

利用性能综述　土体深厚，质地适中，耕性好，通透性好，供肥性能较好，但耕作层偏
浅，有机质和氮含量偏低。利用改良上：①深耕，加厚耕作层；②实行水旱轮作，植稻
期间要重视搁田措施，促使干湿交替，水气协调；③应增施绿肥、氮肥、农家肥和实行
秸秆还田，以提高土壤肥力，改善土壤结构。

参比土种　砂身黄潮泥。

代表性单个土体　位于上海市宝山区罗店镇金新村，31°26′00.2″N，121°20′39.2″E，平田，
海拔 3.0 m，母质为江海沉积物。种植制度为小麦/油菜-水稻轮作或单季稻。调查时间 2011
年 11 月，编号 31-044。

　　Ap1：0～14 cm，亮黄棕色（2.5Y 6/6，干），浊黄色（2.5Y 6/4，润）；粉砂壤土，发育强的直径
1～2 mm 碎块状结构，疏松；结构面有<2%的锈纹锈斑；轻度石灰反应；平滑清晰过渡。

罗店系代表性单个土体剖面照

Ap2：14～20 cm，亮黄棕色（2.5Y 6/6，干），浊黄色（2.5Y 6/4，润）；粉砂壤土，发育强的直径 5～10 mm 块状结构，很坚实；结构面有 2%左右的锈纹锈斑；中度石灰反应；平滑清晰过渡。

Br1：20～33 cm，亮黄棕色（2.5Y 6/6，干），黄棕色（2.5Y 5/4，润）；为粉砂壤土，发育强的直径 10～20 mm 块状结构，很坚实；结构面有 5%左右铁锰斑纹，土体中有 2%直径 2～3 mm 褐色软小铁锰结核；轻度石灰反应；波状渐变过渡。

Br2：33～62 cm，亮黄棕色（2.5Y 6/6，干），黄棕色（2.5Y 5/4，润）；粉砂壤土，发育中等的直径 10～20 mm 块状结构，很坚实；结构面有 2%～5%铁锰斑纹，轻度石灰反应；波状渐变过渡。

BrC：62～110 cm，浊黄色（2.5Y 6/4，干），黄棕色（2.5Y 5/3，润）；粉砂壤土，发育较弱的直径 10～20 mm 块状结构，很坚实，结构面有＜2%的锈纹锈斑；轻度石灰反应。

罗店系代表性单个土体物理性质

| 土层 | 深度/cm | 砾石（2mm，体积分数）/% | 细土颗粒组成（粒径：mm）/（g/kg） | | | 细土质地 | 容重/（g/cm³） |
			砂粒 2～0.05	粉粒 0.05～0.002	黏粒 ＜0.002		
Ap1	0～14	0	95	685	220	粉砂壤土	1.23
Ap2	14～20	0	93	667	240	粉砂壤土	1.54
Br1	20～33	2	116	649	235	粉砂壤土	1.62
Br2	33～62	0	74	661	265	粉砂壤土	1.52
BrC	62～110	0	61	708	231	粉砂壤土	1.54

罗店系代表性单个土体化学性质

深度/cm	pH	有机质/（g/kg）	全氮（N）/（g/kg）	全磷（P₂O₅）/（g/kg）	全钾（K₂O）/（g/kg）	阳离子交换量/（cmol/kg）	游离氧化铁/（g/kg）	CaCO₃/（g/kg）
0～14	7.7	29.6	1.58	2.67	27.3	15.5	25.0	7.5
14～20	8.0	15.8	0.95	1.87	28.3	12.7	24.2	23.7
20～33	8.1	12.6	0.85	1.71	28.0	14.3	23.6	10.1
33～62	8.0	10.8	0.82	1.72	29.6	17.1	23.4	9.9
62～110	8.0	9.0	0.70	1.75	28.8	15.6	26.2	12.8

4.6.7　泥城系（Nicheng Series）

土　　族：黏壤质硅质混合型石灰性热性-普通简育水耕人为土
拟定者：杨金玲，张甘霖，赵玉国

分布与环境条件　主要分布
在上海市浦东新区、奉贤的
钦公塘内侧和宝山沿江两侧，
横沙和长兴两岛，以及崇明
县的东西两侧，地形为沿江
平原和滨海平原，海拔约 4 m；
成土母质为江海沉积物；水
田，轮作制度主要为小麦/油
菜-水稻轮作或单季稻。北亚
热带湿润季风气候，年均日
照时数 2014 h，年均气温
15.7℃，年均降水量 1222 mm，
无霜期 230 d。

泥城系典型景观

土系特征与变幅　诊断层包括水耕表层和水耕氧化还原层；诊断特性包括人为滞水土壤
水分状况、氧化还原特征和热性土壤温度状况。土体厚度 1 m 以上；水耕氧化还原层结
构面有 2%～5%的铁锰斑纹，下部土体中有 2%左右直径 2～3 mm 褐色软小铁锰结核。
通体为粉砂壤土。pH 为 7.5～8.6；碳酸钙相当物含量 20～60 g/kg，从表层向下逐渐增加，
有轻度-强度石灰反应。

对比土系　老港系，同一土族，但 40 cm 以下为埋藏层，通体可见较多云母片，层次质
地构型为壤土-粉砂壤土。

利用性能综述　土体深厚，质地适中，耕作层疏松，耕性好，透气爽水，养分含量高。
利用改良上：①深耕、晒垡，水旱轮作，增强土壤的通透性，提高土壤的供肥能力；
②增施绿肥、农家肥和实行秸秆还田，以提高土壤肥力，改善土壤结构。

参比土种　砂夹黄。

代表性单个土体　位于上海市浦东新区泥城镇马厂 11 组，30°55′50.4″N，121°48′39.8″E，
平田，海拔 4.5 m，母质为江海沉积物。种植制度为小麦/油菜-水稻轮作或单季稻。调查
时间 2011 年 11 月，编号 31-029。

Ap1：0～18 cm，灰黄棕色（10YR 6/2，干），灰黄棕色（10YR 5/2，润）；粉砂壤土，发育强的直径＜5 mm 粒状和碎块状结构，极疏松；结构面有＜2%的锈纹锈斑；轻度石灰反应；平滑清晰过渡。

Ap2：18～26 cm，淡灰色（10YR 7/1，干），棕灰色（10YR 6/1，润）；粉砂壤土，发育强的直径 5～10 mm 块状结构，稍坚实；结构面有＜2%的锈纹锈斑；中度石灰反应；平滑清晰过渡。

Br1：26～48 cm，浊黄橙色（10YR 7/3，干），浊黄橙色（10YR 7/2，润）；粉砂壤土，发育强的直径 10～20 mm 块状结构，很坚实；结构面有 2%左右铁锰斑纹；中度石灰反应；波状渐变过渡。

Br2：48～120 cm，浊黄橙色（10YR 7/3，干），浊黄橙色（10YR 7/2，润）；粉砂壤土，发育中等的直径 10～20 mm 块状结构，坚实；结构面有 2%左右的铁锰斑纹，土体中有直径 2～3 mm 褐色软小铁锰结核；强度石灰反应。

泥城系代表性单个土体剖面

泥城系代表性单个土体物理性质

| 土层 | 深度/cm | 砾石（2mm，体积分数）/% | 细土颗粒组成（粒径：mm）/（g/kg） | | | 细土质地 | 容重/（g/cm³） |
			砂粒 2～0.05	粉粒 0.05～0.002	黏粒 ＜0.002		
Ap1	0～18	0	130	665	205	粉砂壤土	1.10
Ap2	18～26	0	169	644	187	粉砂壤土	1.24
Br1	26～48	0	79	690	231	粉砂壤土	1.53
Br2	48～120	0	54	737	209	粉砂壤土	1.44

泥城系代表性单个土体化学性质

深度/cm	pH	有机质/（g/kg）	全氮（N）/（g/kg）	全磷（P₂O₅）/（g/kg）	全钾（K₂O）/（g/kg）	阳离子交换量/（cmol/kg）	游离氧化铁/（g/kg）	CaCO₃/（g/kg）
0～18	8.2	36.0	2.20	3.22	25.7	13.3	24.0	21.7
18～26	7.8	27.1	1.69	2.92	27.2	12.1	25.3	34.6
26～48	8.6	7.6	0.65	1.48	27.4	10.4	24.8	41.1
48～120	8.6	4.6	0.47	1.40	27.6	9.1	26.0	55.3

4.6.8　山阳系（Shanyang Series）

土　　族：黏壤质硅质混合型石灰性热性-普通简育水耕人为土
拟定者：杨金玲，黄　标，李德成

分布与环境条件　主要分布
在上海市金山、奉贤、闵行、
嘉定和宝山，地形为沿江平
原和滨海平原，海拔约 4 m；
成土母质为江海沉积物；水
田，轮作制度主要为小麦/油
菜-水稻轮作或单季稻。北亚
热带湿润季风气候，年均日
照时数 2014 h，年均气温
15.7℃，年均降水量 1222 mm，
无霜期 230 d。

山阳系典型景观

土系特征与变幅　诊断层包括水耕表层和水耕氧化还原层；诊断特性包括人为滞水土壤
水分状况、氧化还原特征和热性土壤温度状况。土体厚度 1 m 以上；水耕氧化还原层结
构面有 2%左右的铁锰斑纹。层次质地构型为粉砂质黏壤土-粉砂壤土-粉砂质黏壤土。
pH 为 7.0～8.5；碳酸钙相当物含量 1.0～20 g/kg，从表层向下逐渐增加，水耕表层无石
灰反应，水耕氧化还原层具有轻度-中度石灰反应。

对比土系　大椿系，同一土族，但大椿系水耕氧化还原层结构面有 2%～10%的铁锰斑纹，
100 cm 以下冲积层理明显，层次质地构型为粉砂壤土-粉砂质黏壤土-粉砂壤土，通体有
石灰反应。

利用性能综述　土体深厚，质地较黏重，耕性较差，供肥性能较差，有机质、氮和磷含
量低。利用改良上：①搞好田间沟系配套，提高土壤爽水性能和降低地下水位；②实行
水旱轮作，植稻期间要重视搁田措施，促使干湿交替，水气协调；③增施化肥、绿肥、
农家肥和实行秸秆还田，以提高土壤肥力，改善土壤结构。

参比土种　青紫头。

代表性单个土体　位于上海市金山区山阳镇九龙村，30°46′15.0″N，121°14′15.7″E，平田，
海拔 4.5 m，母质为江海沉积物。种植制度为小麦/油菜-水稻轮作或单季稻。调查时间 2011
年 11 月，编号 31-020。

Ap1：0～15 cm，浊黄色（2.5Y 6/3，干），暗灰黄色（2.5Y 5/2，润）；粉砂质黏壤土，发育强的直径＜5 mm 碎块状结构，疏松；土体中有 1～2 个虫孔，1～2 个贝壳；平滑清晰过渡。

Ap2：15～32 cm，浊黄色（2.5Y 6/3，干），暗灰黄色（2.5Y 5/2，润）；粉砂质黏壤土，发育强的直径 5～10 mm 块状结构，坚实；土体中有 1～2 个虫孔；平滑清晰过渡。

Br：32～88 cm，淡黄色（2.5Y 7/3，干），黄棕色（2.5Y 5/3，润）；粉砂壤土，发育中等的直径 10～20 mm 块状结构，很坚实；结构面有 2%左右铁锰斑纹，土体中有 1～2 个虫孔；轻度石灰反应；平滑清晰过渡。

BrC：88～110 cm，淡黄色（2.5Y 7/3，干），黄棕色（2.5Y 5/3，润）；粉砂质黏壤土，发育弱的直径 10～20 mm 块状结构，很坚实；结构面有 2%左右铁锰斑纹；中度石灰反应。

山阳系代表性单个土体剖面

山阳系代表性单个土体物理性质

| 土层 | 深度/cm | 砾石（2mm，体积分数）/% | 细土颗粒组成（粒径：mm）/（g/kg） | | | 细土质地 | 容重/（g/cm³） |
			砂粒 2～0.05	粉粒 0.05～0.002	黏粒 ＜0.002		
Ap1	0～15	0	49	661	290	粉砂质黏壤土	1.26
Ap2	15～32	0	69	643	288	粉砂质黏壤土	1.45
Br	32～88	0	114	650	236	粉砂壤土	1.59
BrC	88～110	0	75	548	377	粉砂质黏壤土	1.59

山阳系代表性单个土体化学性质

深度/cm	pH	有机质/（g/kg）	全氮（N）/（g/kg）	全磷（P₂O₅）/（g/kg）	全钾（K₂O）/（g/kg）	阳离子交换量/（cmol/kg）	游离氧化铁/（g/kg）	CaCO₃/（g/kg）
0～15	7.4	22.3	1.33	1.96	29.7	15.0	14.0	3.6
15～32	7.0	25.0	1.55	2.04	29.9	15.3	13.3	1.4
32～88	8.3	8.3	0.95	1.24	33.9	15.4	18.5	9.1
88～110	8.0	7.2	0.81	2.24	33.4	11.2	18.4	18.1

4.6.9 小竖系（Xiaoshu Series）

土 族：黏壤质硅质混合型石灰性热性-普通简育水耕人为土
拟定者：杨金玲，李德成，刘　峰

分布与环境条件　主要分布在上海市崇明和浦东，地形为沿江平原和滨海平原，海拔约 4 m；成土母质为河流冲积物；水田，轮作制度主要为小麦/油菜-水稻轮作或单季稻。北亚热带湿润季风气候，年均日照时数 2014 h，年均气温 15.7℃，年均降水量 1222 mm，无霜期 230 d。

小竖系典型景观

土系特征与变幅　诊断层包括水耕表层和水耕氧化还原层；诊断特性包括人为滞水土壤水分状况、氧化还原特征和热性土壤温度状况。土体厚度 1 m 以上；水耕氧化还原层结构面有 2%～15%的铁锰斑纹，土体中有 2%～5%直径 2～3 mm 褐色软小铁锰结核。通体为粉砂壤土。pH 为 8.0～8.5；碳酸钙相当物含量高 30～60 g/kg，且水耕氧化还原层中有 2%～5%直径 2～3 mm 白色碳酸钙结核，通体具有强度石灰反应。

对比土系　绿华系和瀛南系，同一土族，但绿华系无铁锰和碳酸钙结核，剖面上下质地构型为粉砂壤土-粉砂质黏壤土-粉砂壤土；瀛南系水耕表层无石灰反应，水耕氧化还原层轻度-中度石灰反应；绿华系和瀛南系 90 cm 以下土体均具有明显冲积层理。

利用性能综述　土体深厚，质地适中，耕性好，通透性好，爽水透气，有机质和氮磷含量不高。土体紧实，耕层较浅。利用改良上：①深耕，加厚耕作层；②水旱轮作，能灌能排；③增施绿肥、农家肥和实行秸秆还田，以提高土壤肥力，改善土壤结构，增施化学氮肥和磷肥，以增加产量。

参比土种　砂身黄夹砂。

代表性单个土体　位于上海市崇明县庙镇小竖村鸽东，31°46′08.5″N，121°12′13.3″E，平田，海拔 4 m，母质为长江冲积物。种植制度为小麦/油菜-水稻轮作或单季稻。调查时间 2011 年 6 月，编号 31-007。

　　Ap1：0～12 cm，浊黄橙色（10YR 6/3，干），浊黄棕色（10YR 5/3，润）；粉砂壤土，发育强的直径 1～2 mm 碎块状结构，疏松；土体中有 5%～15%黑炭，2～3 个贝壳，结构面有＜2%的锈纹锈斑；强度石灰反应；平滑清晰过渡。

　　Ap2：12～20 cm，浊黄橙色（10YR 7/3，干），浊黄橙色（10YR 6/3，润）；粉砂壤土，发育强

小竖系代表性单个土体剖面

的直径 5～10 mm 块状结构,坚实;土体中有 1～2 条蚯蚓,2～3 个贝壳,5%～15%黑炭,结构面有 2%～5%的铁锰斑纹;强度石灰反应;平滑清晰过渡。

Br1:20～39 cm,浊黄橙色(10YR 7/3,干),浊黄橙色(10YR 6/3,润);粉砂壤土,发育强的直径 10～20 mm 块状结构,坚实;结构面有 2%～5%的铁锰斑纹;土体中有 1～2 条蚯蚓,2～3 个贝壳,5%～15%黑炭;强度石灰反应;波状渐变过渡。

Br2:39～47 cm,浊黄橙色(10YR 6/3,干),浊黄棕色(10YR 5/3,润);粉砂壤土,发育强的直径 10～20 mm 块状结构,很坚实;结构面有 10%～15%铁锰斑纹,土体中有 2～3 个贝壳;强度石灰反应;波状渐变过渡。

Br3:47～60 cm,浊黄橙色(10YR 6/3,干),浊黄棕色(10YR 5/3,润);粉砂壤土,发育强的直径 10～20 mm 块状结构,坚实;结构面有 10%～15%铁锰斑纹,土体中有 2%～5%直径 2～3 mm 褐色软小铁锰结核;2%～5%直径 2～3 mm 白色碳酸钙结核;2～3 个贝壳;强度石灰反应;波状渐变过渡。

Br4:60～110 cm,灰黄棕色(10YR 6/2,干),灰黄棕色(10YR 5/2,润),粉砂壤土,发育强的直径 10～20 mm 块状结构,很坚实,结构面有 2%左右的锈纹锈斑,土体中有 2～3 个贝壳;强度石灰反应。

小竖系代表性单个土体物理性质

| 土层 | 深度/cm | 砾石(2mm,体积分数)/% | 细土颗粒组成(粒径:mm)/(g/kg) | | | 细土质地 | 容重/(g/cm³) |
			砂粒 2～0.05	粉粒 0.05～0.002	黏粒 <0.002		
Ap1	0～12	0	204	606	190	粉砂壤土	1.28
Ap2	12～20	0	175	668	157	粉砂壤土	1.42
Br1	20～39	0	180	641	179	粉砂壤土	1.53
Br2	39～47	0	157	662	181	粉砂壤土	1.59
Br3	47～60	0	116	646	238	粉砂壤土	1.55
Br4	60～110	0	86	675	239	粉砂壤土	1.61

小竖系代表性单个土体化学性质

深度/cm	pH	有机质/(g/kg)	全氮(N)/(g/kg)	全磷(P_2O_5)/(g/kg)	全钾(K_2O)/(g/kg)	阳离子交换量/(cmol/kg)	游离氧化铁/(g/kg)	$CaCO_3$/(g/kg)
0～12	8.2	26.4	1.53	2.06	29.0	13.0	31.3	51.0
12～20	8.3	16.9	0.98	1.83	27.7	9.9	29.6	52.4
20～39	8.5	11.5	0.74	1.59	26.9	8.4	26.9	54.7
39～47	8.5	9.5	0.55	1.43	27.3	8.3	27.0	56.1
47～60	8.5	14.1	0.92	1.48	29.5	12.0	33.3	33.4
60～110	8.4	14.4	0.98	1.62	28.5	12.5	36.4	34.3

4.6.10 谢家系（Xiejia Series）

土　族：黏壤质硅质混合型石灰性热性-普通简育水耕人为土
拟定者：杨金玲，张甘霖，杨　飞

分布与环境条件　主要分布
在上海市浦东新区的周浦、
新场和惠南，地形为沿江平
原和滨海平原，海拔约 4 m；
成土母质为江海沉积物；水
田，轮作制度主要为小麦/油
菜-水稻轮作或单季稻。北亚
热带湿润季风气候，年均日
照时数 2014 h，年均气温
15.7℃，年均降水量 1222 mm，
无霜期 230 d。

谢家系典型景观

土系特征与变幅　诊断层包括水耕表层和水耕氧化还原层；诊断特性包括人为滞水土壤
水分状况、氧化还原特征和热性土壤温度状况。土体厚度 1 m 以上；水耕氧化还原层结
构面有 2%～5%的铁锰斑纹和 2%左右灰色胶膜，土体中有 2%～5%直径 2～3 mm 褐色
软小铁锰结核。层次质地构型为粉砂壤土-粉砂质黏壤土。pH 为 7.5～8.5；碳酸钙相当
物含量较高 1.0～35 g/kg，耕作层无石灰反应，水耕氧化还原层具有轻度-中度石灰反应。
对比土系　大团系和星火系，同一土族，但大团系剖面上下质地构型为粉砂质黏壤土-
粉砂壤土交替，通体具有强度石灰反应；而星火系水耕氧化还原层通体为粉砂壤土。朱
墩系，位于同一乡镇，空间位置相近，但不同土纲，为潜育土。
利用性能综述　土体深厚，质地适中，耕性好，通透性好，保水保肥性能较好，但耕作
层偏浅，有机质含量不高，磷钾含量较高。利用改良上：①深耕，加厚耕作层；②应增
施绿肥、氮肥、农家肥和实行秸秆还田，以提高土壤肥力，改善土壤结构。
参比土种　黏底潮泥。
代表性单个土体　位于上海市奉贤区奉城镇谢家宅村，30°56′55.8″N，121°37′20.7″E，平
田，海拔 4.0 m，母质为江海沉积物。种植制度为小麦/油菜-水稻轮作或单季稻。调查时
间 2011 年 11 月，编号 31-012。

Ap1：0～17cm，黄棕色（2.5Y 5/4，干），黄棕色（2.5Y 5/3，润）；粉砂壤土，发育强的直径＞5 mm 碎块状结构，极疏松；结构面有＜2% 的锈纹锈斑；平滑清晰过渡。

Ap2：17～24cm，暗灰黄色（2.5Y 5/2，干），黄灰色（2.5Y 5/1，润）；粉砂壤土，发育强的直径 5～10 mm 块状结构，坚实；结构面有 2%～5% 的铁锰斑纹；土体中有 2%直径 2～3 mm 褐色软小铁锰结核；平滑清晰过渡。

Br1：24～60cm，黄棕色（2.5Y 5/4，干），黄棕色（2.5Y 5/3，润）；粉砂壤土，发育强的直径 10～20 mm 块状结构，很坚实；结构面有 2%左右灰色胶膜，2%～5% 的铁锰斑纹；土体中有 5% 直径 2～3 mm 褐色软小铁锰结核；轻度石灰反应；波状渐变过渡。

Br2：60～110cm，黄棕色（2.5Y 5/3，干），暗灰黄色（2.5Y 5/2，润）；粉砂质黏壤土，发育中等的直径 20～50 mm 块状结构，很坚实；结构面有 2%～5% 的铁锰斑纹；土体中有 2%～5%直径 2～3 mm 褐色软小铁锰结核，中度石灰反应。

谢家系代表性单个土体剖面

谢家系代表性单个土体物理性质

| 土层 | 深度/cm | 砾石（2mm，体积分数）/% | 细土颗粒组成（粒径：mm）/（g/kg） | | | 细土质地 | 容重/（g/cm³） |
			砂粒 2～0.05	粉粒 0.05～0.002	黏粒 ＜0.002		
Ap1	0～17	0	197	625	178	粉砂壤土	1.01
Ap2	17～24	2	171	605	224	粉砂壤土	1.43
Br1	24～60	2	93	645	262	粉砂壤土	1.55
Br2	60～110	5	51	655	294	粉砂质黏壤土	1.59

谢家系代表性单个土体化学性质

深度/cm	pH	有机质/（g/kg）	全氮（N）/（g/kg）	全磷（P₂O₅）/（g/kg）	全钾（K₂O）/（g/kg）	阳离子交换量/（cmol/kg）	游离氧化铁/（g/kg）	CaCO₃/（g/kg）
0～17	7.7	24.4	1.67	2.32	30.17	14.7	24.4	1.0
17～24	8.2	21.6	1.58	1.51	30.33	15.3	25.1	2.6
24～60	8.1	7.97	0.76	1.36	31.15	14.3	28.4	6.7
60～110	8.3	6.7	0.61	1.33	30.12	13.6	29.2	30.2

4.6.11 星火系（Xinghuo Series）

土　族：黏壤质硅质混合型石灰性热性-普通简育水耕人为土
拟定者：杨金玲，张甘霖，杨　飞

分布与环境条件　分布广泛，除崇明外，其他地区均有分布，一般分布在上海市较大河流的两侧，地形为沿江平原和滨海平原，海拔约 4 m；成土母质为江海沉积物；水田，轮作制度为小麦/油菜-水稻轮作或单季稻。北亚热带湿润季风气候，年均日照时数 2014 h，年均气温 15.7℃，年均降水量 1222 mm，无霜期 230 d。

星火系典型景观

土系特征与变幅　诊断层包括水耕表层和水耕氧化还原层；诊断特性包括人为滞水土壤水分状况、氧化还原特征和热性土壤温度状况。土体厚度 1 m 以上；水耕氧化还原层结构面有 2%～15%的铁锰斑纹，可见灰色胶膜，土体中有 2%左右直径 2～3 mm 褐色软小铁锰结核。通体为粉砂壤土。pH 为 6.5～8.5；碳酸钙相当物的含量为 1.0～30 g/kg，从表层向下逐渐增加，水耕表层无石灰反应，水耕氧化还原层有轻度-中度石灰反应。

对比土系　大团系和谢家系，同一土族，但大团系层次质地构型为粉砂质黏壤土-粉砂壤土交替，通体有强度的石灰反应；谢家系水耕氧化还原层有层次质地构型为粉砂壤土-粉砂质黏壤土。

利用性能综述　土体深厚，质地适中，耕性好，供肥性能好，保水保肥。有机质和全钾含量较高，氮磷含量偏低，耕作层偏薄。利用改良上：①搞好田间沟系配套，进一步提高土壤爽水性能；②深耕，加厚耕作层；③实行水旱轮作，植稻期间要重视搁田措施，促使干湿交替，水气协调；④增施绿肥、农家肥和实行秸秆还田，以提高土壤肥力，改善土壤结构，增施氮肥和磷肥。

参比土种　潮砂泥。

代表性单个土体　位于上海市闵行区浦江镇星火村，31°02′14.0″N，121°28′18.8″E，平田，海拔 4.5 m，母质为江海沉积物。种植制度为小麦/油菜-水稻轮作或单季稻。调查时间 2011 年 11 月，编号 31-023。

　　Ap1：0～15 cm，浊黄色（2.5Y 6/4，干），浊黄色（2.5Y 6/3，润）；粉砂壤土，发育强的直径＜5 mm 碎块状结构，疏松；结构面有＜2%锈纹锈斑；平滑清晰过渡。

Ap2：15～22 cm，浊黄色（2.5Y 6/4，干），浊黄色（2.5Y 6/3，润）；粉砂壤土，发育强的直径 5～10 mm 块状结构，坚实；结构面有 2%～5%的锈纹锈斑；波状渐变过渡。

Br1：22～55 cm，浊黄色（2.5Y 6/3，干），黄棕色（2.5Y 5/3，润）；粉砂壤土，发育强的直径 10～20 mm 块状结构，很坚实；结构面有 2%～5%的铁锰纹，可见灰色胶膜；土体中有 2%左右直径 2～3 mm 褐色软小铁锰结核；轻度石灰反应；波状渐变过渡。

Br2：55～75 cm，浊黄色（2.5Y 6/4，干），浊黄色（2.5Y 6/3，润）；粉砂壤土，发育强的直径 10～20 mm 块状结构，很坚实；结构面有 2%～5%的铁锰斑纹，可见灰色胶膜；2%左右直径 2～3 mm 褐色软小铁锰结核，有约 2%小螺壳；轻度石灰反应；波状渐变过渡。

Br3：75～110 cm，浊黄色（2.5Y 6/3，干），黄棕色（2.5Y 5/3，润）；粉砂壤土，发育强的直径 10～20 mm 块状结构，很坚实；结构面有 5%～15%的铁锰斑纹；土体中有 2%左右直径 2～3 mm 褐色软小铁锰结核；中度石灰反应。

星火系代表性单个土体剖面

星火系代表性单个土体物理性质

| 土层 | 深度/cm | 砾石（2mm，体积分数）/% | 细土颗粒组成（粒径：mm）/（g/kg） | | | 细土质地 | 容重/（g/cm³） |
			砂粒 2～0.05	粉粒 0.05～0.002	黏粒 <0.002		
Ap1	0～15	0	121	662	217	粉砂壤土	1.06
Ap2	15～22	0	157	704	139	粉砂壤土	1.49
Br1	22～55	2	103	717	180	粉砂壤土	1.54
Br2	55～75	2	122	692	186	粉砂壤土	1.59
Br3	75～110	2	71	698	231	粉砂壤土	1.63

星火系代表性单个土体化学性质

深度/cm	pH	有机质/（g/kg）	全氮（N）/（g/kg）	全磷（P₂O₅）/（g/kg）	全钾（K₂O）/（g/kg）	阳离子交换量/（cmol/kg）	游离氧化铁/（g/kg）	CaCO₃/（g/kg）
0～15	6.6	33.5	1.94	1.64	28.0	15.8	25.8	2.4
15～22	7.6	10.5	1.06	1.50	28.5	12.9	27.7	1.6
22～55	8.0	6.1	0.65	1.42	29.4	10.0	25.1	13.2
55～75	7.9	5.6	0.61	1.38	29.5	10.5	19.9	14.0
75～110	8.2	4.6	0.46	1.33	30.3	11.2	24.8	28.0

4.6.12 瀛南系（Yingnan Series）

土　族：黏壤质硅质混合型石灰性热性-普通简育水耕人为土
拟定者：杨金玲，李德成，杨　帆

分布与环境条件　主要分布
在上海市崇明以及浦东新区
的彭镇，地形为沿江平原和
滨海平原，海拔约 4 m；成土
母质为河流冲积物；水田，
轮作制度主要为小麦/油菜-
水稻轮作或单季稻。北亚热
带湿润季风气候，年均日照
时数 2014 h，年均气温 15.7℃，
年均降水量 1222 mm，无霜
期 230 d。

瀛南系典型景观

土系特征与变幅　诊断层包括水耕表层和水耕氧化还原层；诊断特性包括人为滞水土壤
水分状况、氧化还原特征和热性土壤温度状况。土体厚度 1 m 以上；水耕氧化还原层结
构面有 2%～10%的铁锰斑纹，土体中有 2%～5%直径 2～3 mm 褐色软小铁锰结核。90 cm
以下土体可见较为明显的沉积层理。通体为粉砂壤土。pH 为 7.5～8.6；碳酸钙相当物含
量 1.0～45 g/kg，水耕氧化还原层有中度-强度石灰反应。
对比土系　小竖系和绿华系，同一土族，但小竖系通体有强度石灰反应，水耕氧化还原
层中有碳酸钙结核，绿华系无铁锰结核，层次质地构型为粉砂壤土-粉砂质黏壤土-粉砂
壤土。南海系，位于同一乡镇，同一亚类但不同土族，颗粒大小级别为壤质。
利用性能综述　土体深厚，质地适中，耕性好，透气爽水，保肥供肥性能较好。有机质
含量不高，氮磷钾含量较高。利用改良上：①搞好田间沟系配套，进一步提高土壤爽水
性能和降低地下水位；②实行水旱轮作，植稻期间要重视搁田措施，促使干湿交替，水
气协调；③增施绿肥、农家肥和实行秸秆还田，以提高土壤肥力，改善土壤结构。
参比土种　砂底黄夹砂。
代表性单个土体　位于上海市崇明县堡镇瀛南村 8 队，31°31′26.4″N，121°40′08.7″E，平
田，海拔 4.0 m，母质为河流冲积物。种植制度为小麦/油菜-水稻轮作或单季稻。调查时
间 2011 年 6 月，编号 31-002。

　　Ap1：0～13cm，浊黄橙色（10YR 6/3，干），浊黄棕色（10YR 5/3，润）；粉砂质黏壤土，发育
强的直径<5 mm 碎块状结构，极疏松；土体中有 1～2 条蚯蚓，结构面有<2%的锈纹锈斑；平滑清晰
过渡。

Ap2：13～22 cm，浊黄橙色（10YR 7/3，干），浊黄橙色（10YR 6/3，润）；粉砂壤土，发育强的直径5～10 mm块状结构，很坚实；土体中有1～2条蚯蚓，2～3个贝壳，结构面有2%左右的铁锰锈斑；平滑清晰过渡。

Br1：22～60 cm，浊黄橙色（10YR 7/3，干），浊黄橙色（10YR 6/3，润）；粉砂壤土，发育中等的直径10～20 mm块状结构，坚实；结构面有2%～5%左右铁锰斑纹，土体中有2%左右直径2～3 mm褐色软小铁锰结核，1～2个贝壳；中度石灰反应；波状渐变过渡。

Br2：60～92 cm，浊黄橙色（10YR 7/3，干），浊黄橙色（10YR 6/3，润）；粉砂壤土，发育弱的直径10～20 mm块状结构，稍坚实；结构面有5%左右铁锰斑纹，土体中有1～2个贝壳；强度石灰反应；波状渐变过渡。

Cr：92～110 cm，淡黄橙色（10YR 8/3，干），浊黄橙色（10YR 7/3，润）；粉砂壤土，沉积层理较为明显，5%～10%铁锰斑纹，土体中有2%～5%直径2～3 mm褐色软小铁锰结核，

瀛南系代表性单个土体剖面

1～2个贝壳；强度石灰反应。

瀛南系代表性单个土体物理性质

土层	深度/cm	砾石 （2mm，体积 分数）/%	细土颗粒组成（粒径：mm）/（g/kg）			细土质地	容重 /（g/cm³）
			砂粒 2～0.05	粉粒 0.05～0.002	黏粒 <0.002		
Ap1	0～13	0	47	643	310	粉砂壤土	1.09
Ap2	13～22	0	116	659	225	粉砂壤土	1.58
Br1	22～60	0	70	664	266	粉砂壤土	1.45
Br2	60～92	2	63	698	239	粉砂壤土	1.38
Cr	92～110	0	287	557	156	粉砂壤土	—

瀛南系代表性单个土体化学性质

深度/cm	pH	有机质 /（g/kg）	全氮（N） /（g/kg）	全磷（P_2O_5） /（g/kg）	全钾（K_2O） /（g/kg）	阳离子交换量 /（cmol/kg）	游离氧化铁 /（g/kg）	$CaCO_3$ /（g/kg）
0～13	7.7	29.6	2.03	2.11	27.5	13.2	46.2	1.1
13～22	8.0	7.9	0.61	0.56	19.8	15.2	30.9	5.8
22～60	8.4	7.6	0.75	1.46	29.0	12.5	31.2	26.7
60～92	8.4	6.6	0.58	1.29	30.8	12.8	34.9	37.3
92～110	8.6	4.5	0.34	1.30	25.4	6.1	36.9	43.6

4.6.13 华新系（Huaxin Series）

土　　族：黏壤质硅质混合型非酸性热性-普通简育水耕人为土
拟定者：杨金玲，黄　标，李德成

分布与环境条件　主要分布
在上海市青浦、松江和嘉定
高平田地段，地形为沿江平
原和滨海平原，海拔约 4 m；
成土母质为河湖相沉积物；
水田，轮作制度主要为小麦/
油菜-水稻轮作或单季稻。北
亚热带湿润季风气候，年均
日照时数 2014 h，年均气温
15.7℃，年均降水量 1222 mm，
无霜期 230 d。

华新系典型景观

土系特征与变幅　诊断层包括水耕表层和水耕氧化还原层；诊断特性包括人为滞水土壤
水分状况、氧化还原特征和热性土壤温度状况。土体厚度 1 m 以上；水耕氧化还原层结
构面有 2%～10%的铁锰斑纹。层次质地构型为粉砂质黏壤土-粉砂壤土-粉砂质黏壤土。
pH 为 5.8～7.5；通体无石灰反应。

对比土系　朱浦系，同一土族，但水耕氧化还原层结构面有 5%～40%的锈纹锈斑，层次
质地构型为粉砂壤土-粉砂质黏壤土。

利用性能综述　土体深厚，耕作层质地略黏，耕性较差，通透性差，有机质和全氮含量
不高。利用改良上：①搞好田间沟系配套，提高土壤爽水性能；②实行水旱轮作，植稻
期间要重视搁田措施，促使干湿交替，水气协调；③增施绿肥、农家肥和实行秸秆还田，
以提高土壤肥力，改善土壤结构，增施化学氮肥，保证作物产量。

参比土种　黏底黄潮泥。

代表性单个土体　位于上海市青浦区华新镇北新村，31°12′26.1″N，121°14′05.7″E，平田，
海拔 4.0 m，母质为河湖相沉积物。种植制度为小麦/油菜-水稻轮作或单季稻。调查时间
2011 年 11 月，编号 31-035。

Ap1：0～16 cm，灰黄棕色（10YR 6/2，干），灰黄棕色（10YR 4/2，润）；粉砂质黏壤土，发育强的直径<5 mm 碎块状结构，疏松；结构面有 2%～5%的锈纹锈斑；平滑清晰过渡。

Ap2：16～25 cm，灰黄棕色（10YR 5/2，干），黑棕色（10YR 3/2，润）；粉砂质黏壤土，发育强的直径 10～20 mm 块状结构，坚实；结构面有 10%～15%锈纹锈斑；平滑清晰过渡。

Br1：25～60 cm，灰黄棕色（10YR 6/2，干），灰黄棕色（10YR 4/2，润）；粉砂壤土，发育强的直径 10～20 mm 块状结构，很坚实；结构面有 2%～5%的铁锰斑纹；平滑清晰过渡。

Br2：60～110 cm，灰黄棕色（10YR 6/2，干），灰黄棕色（10YR 4/2，润）；粉砂质黏壤土，发育强的直径 10～20 mm 块状结构，很坚实；结构面有 5%～10%铁锰斑纹。

华新系代表性单个土体剖面

华新系代表性单个土体物理性质

土层	深度/cm	砾石（2mm，体积分数）/%	细土颗粒组成（粒径：mm）/（g/kg）			细土质地	容重/（g/cm³）
			砂粒 2～0.05	粉粒 0.05～0.002	黏粒 <0.002		
Ap1	0～16	0	22	693	285	粉砂质黏壤土	1.24
Ap2	16～25	0	32	696	272	粉砂质黏壤土	1.49
Br1	25～60	0	34	718	248	粉砂壤土	1.55
Br2	60～110	0	22	690	288	粉砂质黏壤土	1.52

华新系代表性单个土体化学性质

深度/cm	pH	有机质/（g/kg）	全氮（N）/（g/kg）	全磷（P$_2$O$_5$）/（g/kg）	全钾（K$_2$O）/（g/kg）	阳离子交换量/（cmol/kg）	游离氧化铁/（g/kg）
0～16	5.8	27.3	1.63	2.74	26.7	17.1	14.0
16～25	7.2	20.8	1.24	1.76	27.4	15.2	13.8
25～60	7.5	10.2	0.64	1.64	27.1	12.7	12.7
60～110	7.4	12.0	0.64	1.36	28.9	13.4	14.2

4.6.14　金泽系（Jinze Series）

土　族：黏壤质硅质混合型非酸性热性-普通简育水耕人为土
拟定者：杨金玲，李德成，黄　标

分布与环境条件　主要分布
在上海市青浦的西岑、练塘、
蒸淀和朱家角，地形为湖沼
平原，海拔约 3 m；成土母质
为湖相沉积物；水田，轮作
制度主要为小麦/油菜-水稻
轮作或单季稻。北亚热带湿
润季风气候，年均日照时数
2014 h，年均气温 15.7℃，年
均降水量 1222 mm，无霜期
230 d。

金泽系典型景观

土系特征与变幅　诊断层包括水耕表层和水耕氧化还原层；诊断特性包括人为滞水土壤
水分状况、氧化还原特征和热性土壤温度状况。土体厚度 1 m 以上；通体结构面有 15%～
40%的铁锰斑纹，水耕氧化还原层可见灰色胶膜。通体为粉砂质黏壤土。100 cm 以下为
埋藏层。pH 为 5.5～7.5；通体无石灰反应。

对比土系　南渡系，同一土族，均有埋藏表层，但南渡系水耕氧化还原层结构面有 2%～
5%的铁锰斑纹或锈纹锈斑，无灰色胶膜，层次质地构型为粉砂壤土-粉砂质黏壤土。

利用性能综述　土体深厚，质地黏重，耕性差，通透性差，有机质、氮磷钾含量均较低。
利用改良上：①搞好田间沟系配套，提高土壤爽水性能；②实行水旱轮作，植稻期间要
重视搁田措施，促使干湿交替，水气协调；③增施绿肥、农家肥和实行秸秆还田，以提
高土壤肥力，改善土壤结构，增施化学氮磷钾肥，保证作物产量。

参比土种　青黄泥。

代表性单个土体　位于上海市青浦区金泽镇杨湾村，31°02′33.5″N，120°54′23.6″E，平田，
海拔 3.5 m，母质为湖相沉积物。种植制度为小麦/油菜-水稻轮作或单季稻。调查时间 2011
年 11 月，编号 31-036。

　　Ap1：0～18 cm，浊黄橙色（10YR 6/4，干），浊黄棕色（10YR 5/3，润）；粉砂质黏壤土，发育
强的直径<5 mm 碎块状结构，极疏松；结构面有 15%～40%的锈纹锈斑，土体中有 2～3 个虫孔；平
滑清晰过渡。

　　Ap2：18～28 cm，浊黄橙色（10YR 6/4，干），浊黄棕色（10YR 5/3，润）；粉砂质黏壤土，发
育强的直径 5～10 mm 块状结构，坚实；结构面有 15%～40%的铁锰斑纹，平滑清晰过渡。

Br1：28～50 cm，浊黄橙色（10YR 7/4，干），浊黄橙色（10YR 6/3，润）；粉砂质黏壤土，发育强的直径 10～20 mm 块状结构，坚实；结构面有 15%～40%铁锰斑纹；可见灰色胶膜，土体中有 2%直径 2～3 mm 褐色软小铁锰结核，2～3 个虫孔；波状渐变过渡。

Br2：50～100 cm，浊黄橙色（10YR 6/4，干），浊黄棕色（10YR 5/3，润）；粉砂质黏壤土，发育强的直径 10～20 mm 块状结构，坚实；结构面有 15%～40%铁锰斑纹，可见灰色胶膜，土体中有 2～3 个虫孔；波状渐变过渡。

Abr：100～120 cm，浊黄橙色（10YR 6/4，干），浊黄棕色（10YR 5/3，润）；粉砂质黏壤土，发育中等的直径 10～20 mm 块状结构，疏松；结构面有 15%～40%铁锰斑纹，可见灰色胶膜。

金泽系代表性单个土体剖面

金泽系代表性单个土体物理性质

土层	深度/cm	砾石（2mm，体积分数）/%	细土颗粒组成（粒径：mm）/（g/kg）			细土质地	容重/（g/cm³）
			砂粒 2～0.05	粉粒 0.05～0.002	黏粒 <0.002		
Ap1	0～18	0	76	626	298	粉砂质黏壤土	1.11
Ap2	18～28	2	94	568	338	粉砂质黏壤土	1.46
Br1	28～50	2	101	573	326	粉砂质黏壤土	1.49
Br2	50～100	0	86	555	359	粉砂质黏壤土	1.42
Abr	100～120	0	71	657	272	粉砂质黏壤土	1.30

金泽系代表性单个土体化学性质

深度/cm	pH	有机质/（g/kg）	全氮（N）/（g/kg）	全磷（P₂O₅）/（g/kg）	全钾（K₂O）/（g/kg）	阳离子交换量/（cmol/kg）	游离氧化铁/（g/kg）
0～18	5.6	29.2	1.51	1.34	22.1	16.2	17.5
18～28	7.0	14.9	0.86	1.18	21.7	15.7	21.5
28～50	7.1	9.1	0.54	1.14	22.9	14.9	20.2
50～100	7.5	9.4	0.57	1.10	23.2	17.4	23.1
100～120	6.5	25.5	2.10	2.25	26.5	15.2	11.8

4.6.15 南渡系（Nandu Series）

土　　族：黏壤质硅质混合型非酸性热性-普通简育水耕人为土
拟定者：杨金玲，赵玉国，李德成

分布与环境条件　主要分
布在上海市奉贤、闵行和嘉
定，地形为沿江平原和滨海
平原，海拔约 4 m；成土母
质为江海沉积物；水田，轮
作制度主要为小麦/油菜-水
稻轮作或单季稻。北亚热带
湿润季风气候，年均日照时
数 2014 h，年均气温 15.7℃，
年均降水量 1222 mm，无霜
期 230 d。

南渡系典型景观

土系特征与变幅　诊断层包括水耕表层和水耕氧化还原层；诊断特性包括人为滞水土壤
水分状况、氧化还原特征和热性土壤温度状况。土体厚度 1 m 以上；水耕氧化还原层结
构面有 2%～5%的铁锰斑纹或锈纹锈斑，土体中有 2%左右直径 2～3 mm 褐色软小铁锰
结核。层次质地构型为粉砂壤土-粉砂质黏壤土。70 cm 以下为埋藏层。pH 为 7.0～8.5；
碳酸钙相当物含量 1.0～25 g/kg，矿质土表以下 50～80 cm 土体有中度石灰反应。
对比土系　金泽系和柘林系，同一土族，均有埋藏层，但金泽系土体结构面有 15%～40%
的铁锰斑纹，水耕氧化还原层结构面可见灰色胶膜，通体为粉砂质黏壤土；柘林系埋藏
层上界在 30 cm 左右，60 cm 以下的土体结构面有 20%～30%的黄色锈纹锈斑，通体为
粉砂壤土，无石灰反应。
利用性能综述　土体深厚，质地适中，耕性好，通透性好，爽水透气，养分含量较低。
利用改良上：①搞好田间沟系配套，进一步提高土壤爽水性能和降低地下水位；②实行
水旱轮作，植稻期间要重视搁田措施，促使干湿交替，水气协调；③增施绿肥、农家肥
和实行秸秆还田，以提高土壤肥力，改善土壤结构；增施化学氮肥、磷肥和钾肥，保证
作物产量。
参比土种　沟干潮泥。
代表性单个土体　位于上海市奉贤区南桥镇南渡村，30°59′28.7″N，121°27′17.2″E，平田，
海拔 4.5 m，母质为江海沉积物。种植制度为小麦/油菜-水稻轮作或单季稻。调查时间 2011
年 11 月，编号 31-015。

南渡系代表性单个土体剖面

Ap1：0~16 cm，浊黄橙色（10YR 7/4，干），浊黄橙色（10YR 7/3，润）；粉砂壤土，发育强的直径<5 mm 碎块状结构，疏松；结构面有 2%左右的锈纹锈斑；平滑清晰过渡。

Ap2：16~24 cm，浊黄橙色（10YR 7/4，干），浊黄橙色（10YR 7/3，润）；粉砂壤土，发育强的直径 10~20 mm 块状结构，很坚实；结构面有 2%~5%锈纹锈斑；平滑清晰过渡。

Br1：24~50 cm，浊黄橙色（10YR 6/4，干），浊黄橙色（10YR 6/3，润）；粉砂壤土，发育强的直径 10~20 mm 块状结构，很坚实；结构面有 2%~5%铁锰斑纹；波状渐变过渡。

Br2：50~73 cm，浊黄橙色（10YR 6/4，干），浊黄橙色（10YR 6/3，润）；粉砂壤土，发育强的直径 10~20 mm 块状结构，很坚实；结构面有 2%~5%锈纹锈斑，土体中有 2%左右直径 2~3 mm 褐色软小铁锰结核；中度石灰反应；平滑清晰过渡。

Abr：73~110 cm，灰黄棕色（10YR 5/2，干），棕灰色（10YR 5/1，润）；粉砂质黏壤土，发育弱的直径 10~20 mm 块状结构，很坚实；结构面有 2%左右的铁锰斑纹。

南渡系代表性单个土体物理性质

| 土层 | 深度/cm | 砾石（2mm，体积分数）/% | 细土颗粒组成（粒径：mm）/（g/kg） | | | 细土质地 | 容重/（g/cm³） |
			砂粒 2~0.05	粉粒 0.05~0.002	黏粒 <0.002		
Ap1	0~16	2	230	588	182	粉砂壤土	1.21
Ap2	16~24	2	103	721	176	粉砂壤土	1.52
Br1	24~50	2	93	698	209	粉砂壤土	1.52
Br2	50~73	2	86	698	216	粉砂壤土	1.59
Abr	73~110	0	84	637	279	粉砂质黏壤土	1.62

南渡系代表性单个土体化学性质

深度/cm	pH	有机质/（g/kg）	全氮（N）/（g/kg）	全磷（P_2O_5）/（g/kg）	全钾（K_2O）/（g/kg）	阳离子交换量/（cmol/kg）	游离氧化铁/（g/kg）	$CaCO_3$/（g/kg）
0~16	7.4	22.1	1.44	1.75	27.2	14.7	26.6	1.3
16~24	7.7	11.8	0.77	1.61	27.8	11.1	24.3	1.4
24~50	8.1	6.8	0.59	1.63	28.4	11.7	24.3	1.7
50~73	8.4	6.9	0.55	1.38	28.8	12.7	26.1	24.7
73~110	8.3	11.7	0.70	1.31	30.0	18.6	26.0	2.3

4.6.16 柘林系（Zhelin Series）

土　　族：黏壤质硅质混合型非酸性热性-普通简育水耕人为土
拟定者：杨金玲，赵玉国，张甘霖

分布与环境条件 主要分布在上海市金山、奉贤、嘉定和宝山，地形为沿江平原和滨海平原，海拔约 4 m；成土母质为江海沉积物；水田，轮作制度主要为小麦/油菜-水稻轮作或单季稻。北亚热带湿润季风气候，年均日照时数 2014 h，年均气温 15.7℃，年均降水量 1222 mm，无霜期 230 d。

柘林系典型景观

土系特征与变幅 诊断层包括水耕表层和水耕氧化还原层；诊断特性包括人为滞水土壤水分状况、氧化还原特征和热性土壤温度状况。土体厚度 1 m 以上；30 cm 以下为埋藏层；60 cm 以下的土体结构面有 20%～30%的黄色锈纹锈斑。通体为粉砂壤土。pH 为 7.5～8.5；碳酸钙相当物含量 1～4 g/kg，通体无石灰反应。

对比土系 南渡系，同一土族，但埋藏层位于 70 cm 以下，层次质地构型为粉砂壤土-粉砂质黏壤土，矿质土表以下 50～80 cm 土体有石灰反应。

利用性能综述 土体深厚，质地适中，耕性好，通透性好，爽水透气，宜种性较宽，适宜种植棉、麦、油和稻。供肥、保肥能力较强，作物苗期易于早发，中期能够稳长，后期不早衰。有机质和氮含量低。利用改良上：①实行水旱轮作，植稻期间要重视搁田措施，促使干湿交替，水气协调；②增施绿肥、农家肥和实行秸秆还田，以提高土壤肥力，改善土壤结构，增施化学氮肥和磷肥，保证作物产量。

参比土种 沟干泥。

代表性单个土体 位于上海市奉贤区柘林镇新寺村，30°52′17.9″N，121°26′41.4″E，平田，海拔 4.0 m，母质为江海沉积物。种植制度为小麦/油菜-水稻轮作或单季稻。调查时间 2011 年 11 月，编号 31-016。

　　Ap1：0～16 cm，灰黄色（2.5Y 7/2，干），暗灰黄色（2.5Y，5/2，润）；粉砂壤土，发育强的直径<5mm 碎块状结构，疏松；结构面有 2%左右的锈纹锈斑，土体中有 1～2 条蚯蚓；平滑清晰过渡。

Ap2：16～24cm，灰黄色（2.5Y 7/2，干），暗灰黄色（2.5Y 5/2，润）；粉砂壤土，发育强的直径 10～20 mm 块状结构，坚实；结构面有 2%～5% 的锈纹锈斑；平滑清晰过渡。

Br1：24～38 cm，暗灰黄色（2.5Y 5/2，干），暗灰黄色（2.5Y 4/2，润）；粉砂壤土，发育强的直径 20～50 mm 块状结构，很坚实；结构面有 2%～5% 灰色胶膜和 2%～5% 的锈纹锈斑，土体中有 2% 左右直径 2～3 mm 褐色软小铁锰结核；平滑清晰过渡。

Abr：38～62 cm，黄灰色（2.5Y 5/1，干），黄灰色（2.5Y 4/1，润）；粉砂壤土，发育强的块状结构；很坚实；结构面有 2% 左右的锈纹锈斑；平滑清晰过渡。

Br2：62～110 cm，淡黄色（2.5Y 7/3，干），黄棕色（2.5Y 5/4，润）；粉砂壤土，发育中等的直径 20～50 mm 块状结构，很坚实，结构面有 20%～30% 黄色锈纹锈斑。

柘林系代表性单个土体剖面

柘林系代表性单个土体物理性质

| 土层 | 深度/cm | 砾石（2mm，体积分数）/% | 细土颗粒组成（粒径：mm）/（g/kg） | | | 细土质地 | 容重/（g/cm³） |
			砂粒 2～0.05	粉粒 0.05～0.002	黏粒 <0.002		
Ap1	0～16	0	171	653	176	粉砂壤土	1.24
Ap2	16～24	0	144	616	240	粉砂壤土	1.40
Br1	24～38	2	108	640	252	粉砂壤土	1.59
Abr	38～62	0	66	686	248	粉砂壤土	1.62
Br2	62～110	0	71	715	214	粉砂壤土	1.62

柘林系代表性单个土体化学性质

深度/cm	pH	有机质/（g/kg）	全氮（N）/（g/kg）	全磷（P₂O₅）/（g/kg）	全钾（K₂O）/（g/kg）	阳离子交换量/（cmol/kg）	游离氧化铁/（g/kg）	CaCO₃/（g/kg）
0～16	7.6	18.8	1.11	2.09	28.0	10.1	25.0	1.7
16～24	8.2	13.7	0.92	1.76	28.0	13.8	27.6	3.6
24～38	8.3	8.4	0.62	1.52	29.4	13.6	25.6	3.9
38～62	8.1	11.4	0.70	1.16	29.9	18.5	20.4	1.7
62～110	7.7	5.24	0.49	4.02	27.5	13.2	33.3	1.6

4.6.17　朱家沟系（Zhujiagou Series）

土　族：黏壤质硅质混合型非酸性热性-普通简育水耕人为土
拟定者：杨金玲，李德成，刘　峰

分布与环境条件　主要分布在上海市闵行、奉贤、浦东新区和崇明，地形为沿江平原和滨海平原，海拔约 4 m；成土母质为河流冲积物，主要由人工开挖河道或疏浚河道时挖土堆叠形成；水田，轮作制度主要为小麦/油菜-水稻轮作或单季稻。北亚热带湿润季风气候，年均日照时数2014 h，年均气温15.7℃，年均降水量1222 mm，无霜期230 d。

朱家沟系典型景观

土系特征与变幅　诊断层包括水耕表层和水耕氧化还原层；诊断特性包括人为滞水土壤水分状况、氧化还原特征和热性土壤温度状况。土体厚度 1 m 以上；水耕氧化还原层结构面有 5%～10%的铁锰斑纹，土体中有 2%～15%直径 2～3 mm 褐色软小铁锰结核。在原来河流沉积物上有 20～40cm 的人工堆叠物或新近淤积，以下为埋藏层。层次质地构型为粉砂壤土-粉砂质黏壤土。pH 为 7.5～8.5；碳酸钙相当物的含量为 1.0～50 g/kg，埋藏表层无石灰反应。

对比土系　朱浦系，同一土族，但水耕氧化还原层结构面有 5%～40%的锈纹锈斑，无埋藏层，通体无石灰反应。

利用性能综述　土体深厚，水耕表层质地适中，耕性好，通透性好，爽水透气，部分水耕氧化还原层质地偏黏。耕作层有机质、氮磷含量偏低，钾含量较高。利用改良上：①水旱轮作，能灌能排；②增施绿肥、农家肥和实行秸秆还田，以提高土壤肥力，改善土壤结构。增施化学氮肥和磷肥，以增加产量。

参比土种　堆叠土。

代表性单个土体　位于上海市崇明县建设镇建设村朱家沟桥北，31°37′04.1″N，121°28′29.4″E，平田，海拔 4.0 m，母质为长江冲积物。种植制度为小麦/油菜-水稻轮作或单季稻。调查时间 2011 年 6 月，编号 31-003。

　　Ap1：0～20 cm，浊黄橙色（10YR 7/3，干），浊黄棕色（10YR 5/3，润）；粉砂壤土，发育强的直径<5 mm 碎块状结构，稍坚实；结构面有<2%的锈纹锈斑；土体中有 1～2 条蚯蚓，2～3 个贝壳；强度石灰反应；平滑清晰过渡。

　　Ap2：20～30 cm，浊黄橙色（10YR 7/3，干），浊黄棕色（10YR 5/3，润）；粉砂壤土，发育强

朱家沟系代表性单个土体剖面

的直径 5～10 mm 块状结构，坚实；结构面有 2%～5%的锈纹锈斑；土体中有 1～2 条蚯蚓，2～3 个贝壳；中度石灰反应；平滑清晰过渡。

Abr：30～43 cm，浊黄橙色（10YR 6/3，干），浊黄棕色（10YR 4/3，润）；粉砂壤土，发育强的直径 10～20 mm 块状结构，坚实；结构面有 5%～10%的锈纹锈斑；土体中有 1～2 条蚯蚓，2～3 个贝壳；清晰波状过渡。

Br1：43～80 cm，黄橙色（10YR 6/3，干），浊黄棕色（10YR 4/3，润）；粉砂质黏壤土，发育强的直径 10～20 mm 块状结构，很坚实；结构面有 5%～10%铁锰斑纹；土体中有 2～3 个贝壳；轻度石灰反应；波状清晰过渡。

Br2：80～90 cm，黄橙色（10YR 6/4，干），棕色（10YR 4/4，润）；粉砂质黏壤土，发育中等的直径 10～20 mm 块状结构，很坚实；结构面有 5%～10%铁锰斑纹，土体中有 2%～5%直径 2～3 mm 褐色软小铁锰结核；2%～5%直径 2～3 mm 白色碳酸钙结核；2～3 个贝壳；中度石灰反应，波状清晰过渡。

BrC：90～110 cm，黄橙色（10YR 6/4，干），棕色（10YR 4/4，润）；粉砂质黏壤土，发育弱的直径 10～20 mm 块状结构，坚实；结构面有 5%～10%铁锰斑纹，土体中有 5%～15%直径 2～3 mm 褐色软小铁锰结核；2～3 个贝壳；中度石灰反应。

朱家沟系代表性单个土体物理性质

土层	深度/cm	砾石（2mm，体积分数）/%	细土颗粒组成（粒径：mm）/（g/kg）			细土质地	容重/（g/cm³）
			砂粒 2～0.05	粉粒 0.05～0.002	黏粒 <0.002		
Ap1	0～20	0	181	620	199	粉砂壤土	1.30
Ap2	20～30	0	99	673	228	粉砂壤土	1.47
Abr	30～43	0	39	748	213	粉砂壤土	1.50
Br1	43～80	0	55	641	304	粉砂质黏壤土	1.51
Br2	80～90	5	59	627	314	粉砂质黏壤土	1.52
BrC	90～110	5	43	627	330	粉砂质黏壤土	1.44

朱家沟系代表性单个土体化学性质

深度/cm	pH	有机质/（g/kg）	全氮（N）/（g/kg）	全磷（P₂O₅）/（g/kg）	全钾（K₂O）/（g/kg）	阳离子交换量/（cmol/kg）	游离氧化铁/（g/kg）	CaCO₃/（g/kg）
0～20	8.3	14.3	0.88	1.58	28.1	9.8	33.9	44.9
20～30	8.3	18.1	1.10	1.73	31.2	14.9	41.0	25.5
30～43	7.8	24.8	1.70	1.81	30.8	18.9	42.6	1.1
43～80	8.4	15.2	1.15	1.74	31.6	17.6	42.4	7.3
80～90	8.4	12.7	1.05	1.62	32.8	16.4	45.2	20.3
90～110	8.4	7.8	0.65	1.35	33.1	16.7	46.0	30.1

4.6.18　朱浦系（Zhupu Series）

土　族：黏壤质硅质混合型非酸性热性-普通简育水耕人为土
拟定者：杨金玲，李德成，黄　标

分布与环境条件　主要分布在上海市青浦、松江、金山和嘉定，地形为沿江平原和湖沼平原，海拔约 3 m；成土母质为河湖相沉积物；水田，轮作制度主要为小麦/油菜-水稻轮作或单季稻。北亚热带湿润季风气候，年均日照时数 2014 h，年均气温 15.7℃，年均降水量 1222 mm，无霜期 230 d。

朱浦系典型景观

土系特征与变幅　诊断层包括水耕表层和水耕氧化还原层；诊断特性包括人为滞水土壤水分状况、氧化还原特征和热性土壤温度状况。土体厚度 1 m 以上；水耕氧化还原层结构面有 5%～40%的锈纹锈斑。层次质地构型为粉砂壤土-粉砂质黏壤土。pH 为 7.0～7.6；通体无石灰反应。

对比土系　华新系和朱家沟系，同一土族，华新系水耕氧化还原层结构面有 2%～10%的铁锰斑纹，层次质地构型为粉砂质黏壤土-粉砂壤土-粉砂质黏壤土；朱家沟系水耕氧化还原层结构面有 5%～10%的铁锰斑纹，土体中有小铁锰结核，表层有 20～40 cm 的人工堆叠物或新近淤积，以下为埋藏层，除埋藏表层以外的层次具有石灰反应。施家台系，位于同一乡镇，空间位置相近，不同土类，为铁聚水耕人为土。

利用性能综述　土体深厚，水耕表层质地适中，耕性好，通透性好，爽水透气，磷含量高，但氮钾含量偏低，耕作层偏薄。水耕氧化还原层质地略黏，托水保肥。利用改良上：①深耕，加厚耕作层；②水旱轮作，保证灌排系统，防止上层积水；③增施绿肥、农家肥和实行秸秆还田，以提高土壤肥力，改善土壤结构。增施氮肥和钾肥，保证作物产量。

参比土种　铁屑黄泥。

代表性单个土体　位于上海市青浦区白鹤镇朱浦村，31°16′14.8″N，121°08′58.9″E，平田，海拔 3.0 m，母质为河湖相沉积物。种植制度为小麦/油菜-水稻轮作或单季稻。调查时间 2011 年 11 月，编号 31-033。

朱浦系代表性单个土体剖面

Ap1：0～14 cm，黄棕色（2.5Y 5/3，干）；暗灰黄色（2.5Y 5/2，润）；粉砂壤土，发育强的直径＜5 mm 碎块状结构，极疏松；结构面有＜2%的锈纹锈斑；土体中有 1～2 个虫孔，1～2 条蚯蚓；平滑清晰过渡。

Ap2：14～25 cm，黄棕色（2.5Y 5/3，干）；暗灰黄色（2.5Y 5/2，润）；粉砂壤土，发育强的直径 5～10 mm 块状结构，坚实；结构面有 2%～5%的锈纹锈斑；土体中有 1～2 个虫孔，1～2 条蚯蚓；平滑清晰过渡。

Br1：25～48 cm，浊黄色（2.5Y 6/3，干）；灰黄色（2.5Y 6/2，润）；粉砂质黏壤土，发育强的直径 10～20 mm 块状结构，很坚实；5%～10%的锈纹锈斑；平滑清晰过渡。

Br2：48～77 cm，浊黄色（2.5Y 6/3，干）；灰黄色（2.5Y 6/2，润）；粉砂质黏壤土，发育中等的直径 10～20 mm 块状结构，很坚实；结构面有 10%～15%的锈纹锈斑；平滑清晰过渡。

BrC：77～110 cm，浊黄色（2.5Y 6/3，干）；灰黄色（2.5Y 6/2，润）；粉砂质黏壤土，发育弱的直径 10～20 mm 块状结构，坚实；结构面有 15%～40%的锈纹锈斑。

朱浦系代表性单个土体物理性质

| 土层 | 深度/cm | 砾石（2mm，体积分数）/% | 细土颗粒组成（粒径：mm）/（g/kg） | | | 细土质地 | 容重/（g/cm³） |
			砂粒 2～0.05	粉粒 0.05～0.002	黏粒 ＜0.002		
Ap1	0～14	0	132	652	216	粉砂壤土	1.12
Ap2	14～25	0	114	663	223	粉砂壤土	1.44
Br1	25～48	0	65	643	292	粉砂质黏壤土	1.53
Br2	48～77	0	46	662	292	粉砂质黏壤土	1.56
BrC	77～110	0	23	700	277	粉砂质黏壤土	1.40

朱浦系代表性单个土体化学性质

深度/cm	pH	有机质/（g/kg）	全氮（N）/（g/kg）	全磷（P₂O₅）/（g/kg）	全钾（K₂O）/（g/kg）	阳离子交换量/（cmol/kg）	游离氧化铁/（g/kg）
0～14	7.0	32.9	1.89	4.18	27.0	16.7	11.2
14～25	7.6	23.7	1.40	4.28	27.0	15.7	11.6
25～48	7.6	11.8	0.79	1.83	29.0	13.3	12.5
48～77	7.4	8.3	0.59	1.37	30.1	13.1	13.5
77～110	7.5	6.7	0.46	1.55	29.5	12.7	16.4

4.6.19　泖港系（Maogang Series）

土　族：壤质硅质混合型石灰性热性-普通简育水耕人为土
拟定者：杨金玲，黄　标，李德成

分布与环境条件　主要
分布在上海市青浦和松
江的泖荡田，地形为湖沼
平原，海拔约 4 m；成土
母质为河湖相沉积物；水
田，轮作制度主要为小麦
/油菜-水稻轮作或单季稻。
北亚热带湿润季风气候，
年均日照时数 2014 h，年
均气温 15.7℃，年均降水
量 1222 mm，无霜期 230 d。

泖港系典型景观

土系特征与变幅　诊断层包括水耕表层和水耕氧化还原层；诊断特性包括人为滞水土壤
水分状况、氧化还原特征和热性土壤温度。土体厚度 1 m 以上；水耕氧化还原层结构面
有 5%～15%的锈纹锈斑。层次质地构型为粉砂壤土-粉砂土；70 cm 以下沉积层理明显。
pH 为 7.0～8.5；碳酸钙相当物含量 2～45 g/kg，水耕表层无石灰反应，水耕氧化还原层
有轻度-中度石灰反应。
对比土系　南海系，同一土族，但通体为粉砂壤土，通体有石灰反应。
利用性能综述　土体深厚，质地偏砂，耕性好，通透性好，爽水透气。耕层较薄，有机
质和氮含量不高，磷钾含量较高，供肥性能较好。利用改良上：①深耕，加厚耕作层；
②土体偏砂，防止漏水漏肥；③增施绿肥、农家肥和实行秸秆还田，以提高土壤肥力，
改善土壤结构，增施化学氮肥，保证作物产量。
参比土种　小粉土。
代表性单个土体　位于上海市松江区泖港镇泖新村，30°59′52.1″N，121°06′27.7″E，平田，
海拔 4.5 m，母质为河湖相沉积物。种植制度为小麦/油菜-水稻轮作或单季稻。调查时间
2011 年 11 月，编号 31-049。

　　Ap1：0～15 cm，浊黄色（2.5Y 6/4，干），浊黄色（2.5Y 6/3，润）；粉砂壤土，发育强的直径＞
5 mm 碎块状结构，极疏松；结构面有＜2%的锈纹锈斑；平滑清晰过渡。

Ap2：15~23 cm，浊黄色（2.5Y 6/4，干），浊黄色（2.5Y 6/3，润）；粉砂土，发育强的直径 5~10 mm 块状结构，很坚实；结构面有 2%~5%的锈纹锈斑；平滑清晰过渡。

Br1：23~42 cm，浊黄色（2.5Y 6/4，干），黄棕色（2.5Y 5/3，润）；粉砂土，发育中等的直径 10~20 mm 块状结构，坚实；结构面有 10%~15%的锈纹锈斑；轻度石灰反应；平滑清晰过渡。

Br2：42~72 cm，浊黄色（2.5Y 6/4，干），黄棕色（2.5Y 5/3，润）；粉砂土，发育弱的直径 10~20 mm 块状结构，稍坚实；结构面有 5%~10%的锈纹锈斑；轻度石灰反应；波状渐变过渡。

BrC：72~100 cm，浊黄色（2.5Y 6/4，干），黄棕色（2.5Y 5/3，润）；粉砂土，沉积层理明显，稍坚实；有 5%~10%的锈纹锈斑；中度石灰反应。

泖港系代表性单个土体剖面

泖港系代表性单个土体物理性质

| 土层 | 深度/cm | 砾石（2mm，体积分数）/% | 细土颗粒组成（粒径：mm）/（g/kg） | | | 细土质地 | 容重/（g/cm³） |
			砂粒 2~0.05	粉粒 0.05~0.002	黏粒 <0.002		
Ap1	0~15	0	94	758	148	粉砂壤土	1.13
Ap2	15~23	0	41	830	129	粉砂土	1.57
Br1	23~42	0	34	838	128	粉砂土	1.42
Br2	42~72	0	60	828	112	粉砂土	1.39
BrC	72~100	0	87	821	92	粉砂土	1.34

泖港系代表性单个土体化学性质

深度/cm	pH	有机质/（g/kg）	全氮（N）/（g/kg）	全磷（P₂O₅）/（g/kg）	全钾（K₂O）/（g/kg）	阳离子交换量/（cmol/kg）	游离氧化铁/（g/kg）	CaCO₃/（g/kg）
0~15	7.3	25.4	1.58	2.18	24.9	12.3	12.9	2.1
15~23	8.0	14.0	0.82	1.45	25.3	8.7	13.7	5.1
23~42	7.9	8.5	0.52	1.36	26.0	8.6	16.5	16.2
42~72	8.0	8.6	0.52	1.36	26.6	8.3	14.8	19.8
72~100	8.3	6.7	0.40	1.41	24.5	6.3	12.7	42.4

4.6.20　南海系（Nanhai Series）

土　　族：壤质硅质混合型石灰性热性-普通简育水耕人为土
拟定者：杨金玲，张甘霖，杨　帆

分布与环境条件　主要分布在上海市崇明以及浦东新区的泥城，地形为沿江平原和滨海平原，海拔约 4 m；成土母质为河流冲积物；水田，轮作制度主要为小麦/油菜-水稻轮作或单季稻。北亚热带湿润季风气候，年均日照时数 2014 h，年均气温 15.7℃，年均降水量 1222 mm，无霜期 230 d。

南海系典型景观

土系特征与变幅　诊断层包括水耕表层和水耕氧化还原层；诊断特性包括人为滞水土壤水分状况、氧化还原特征和热性土壤温度状况。土体厚度 1 m 以上；水耕氧化还原层结构面有 2%～5%的铁锰斑纹。通体为粉砂壤土。pH 为 8.0～8.5；碳酸钙相当物的含量为 20～50 g/kg，有中度-强度石灰反应。

对比土系　泖港系，同一土族，但水耕氧化还原层结构面有 5%～15%的锈纹锈斑，20 cm 以下为粉砂土，水耕表层无石灰反应，水耕氧化还原层有轻度-中度石灰反应。瀛南系，位于同一乡镇，同一亚类但不同土族，颗粒大小级别为黏壤质。

利用性能综述　土体深厚，质地适中，耕性好，通透性好，爽水透气。有机质含量不高，氮磷含量较低。利用改良上应：①实行水旱轮作，植稻期间要重视搁田措施，促使干湿交替，水气协调；②增施绿肥、农家肥和实行秸秆还田，以提高土壤肥力，改善土壤结构，增施化学氮肥和磷肥，保证作物产量。

参比土种　砂身砂夹黄。

代表性单个土体　位于上海市崇明县堡镇南海村 18 队，31°31′08.8″N，121°41′23.6″E，平田，海拔 4.0 m，母质为长江冲积物。种植制度为小麦/油菜-水稻轮作或单季稻。调查时间 2011 年 6 月，编号 31-001。

　　Ap1：0～12 cm，浊黄橙色（10YR 6/3，干），浊黄棕色（10YR 4/3，润）；粉砂壤土，发育强的直径 1～3 mm 粒状结构，极疏松；结构面有<2%的锈纹锈斑；土体中有 1～2 条蚯蚓，2～3 个贝壳；中度石灰反应；平滑清晰过渡。

　　Ap2：12～22 cm，浊黄橙色（10YR 7/3，干），浊黄棕色（10YR 5/3，润）；粉砂壤土，发育强

南海系代表性单个土体剖面

的直径 5～10 mm 块状结构，很坚实；结构面有<2%的锈纹锈斑；土体中有 2～3 个贝壳；中度石灰反应；平滑清晰过渡。

Br1：22～40 cm，浊黄橙色（10YR 7/3，干），浊黄棕色（10YR 5/3，润）；粉砂壤土，发育强的直径 10～20 mm 块状结构，很坚实；结构面有 2%左右铁锰斑纹，土体中有 1～2 个贝壳；中度石灰反应；波状渐变过渡。

Br2：40～70 cm，浊黄橙色（10YR 7/3，干），浊黄棕色（10YR 5/3，润）；粉砂壤土，发育较强的直径 10～20 mm 块状结构，坚实；结构面有 2%～5%铁锰斑纹，土体中有 1～2 个贝壳；强度石灰反应；波状渐变过渡。

Br3：70～110 cm，浊黄橙色（10YR 7/3，干），浊黄棕色（10YR 5/3，润）；粉砂壤土，发育中等的直径 10～20 mm 块状结构，坚实；结构面有 2%～5%铁锰斑纹，土体中有 1～2 个贝壳；中度石灰反应；波状渐变过渡。

BrC：110～130 cm，浊黄橙色（10YR 7/3，干），浊黄棕色（10YR 5/3，润）；粉砂壤土；发育弱的直径 10～20 mm 块状结构，坚实；结构面有 2%～5%铁锰斑纹，土体中有 1～2 个贝壳，强度石灰反应。

南海系代表性单个土体物理性质

土层	深度/cm	砾石（2mm，体积分数）/%	细土颗粒组成（粒径：mm）/（g/kg）			细土质地	容重/（g/cm³）
			砂粒 2～0.05	粉粒 0.05～0.002	黏粒 <0.002		
Ap1	0～12	0	172	662	166	粉砂壤土	1.10
Ap2	12～22	0	165	666	169	粉砂壤土	1.57
Br1	22～40	0	155	676	169	粉砂壤土	1.50
Br2	40～70	0	150	687	163	粉砂壤土	1.40
Br3	70～110	0	123	706	171	粉砂壤土	1.41
BrC	110～130	0	127	708	165	粉砂壤土	1.41

南海系代表性单个土体化学性质

深度/cm	pH	有机质/（g/kg）	全氮（N）/（g/kg）	全磷（P₂O₅）/（g/kg）	全钾（K₂O）/（g/kg）	阳离子交换量/（cmol/kg）	游离氧化铁/（g/kg）	CaCO₃/（g/kg）
0～12	8.0	25.9	1.44	1.60	30.4	10.3	23.2	22.6
12～22	8.4	8.6	0.59	1.65	25.3	7.1	24.0	33.9
22～40	8.4	7.7	0.66	1.67	25.4	7.0	12.6	36.5
40～70	8.5	5.9	0.58	1.41	25.6	6.4	22.2	45.7
70～110	8.5	7.5	0.72	1.59	25.8	7.3	6.7	34.8
110～130	8.5	6.8	0.58	1.48	25.6	6.9	27.8	44.9

4.6.21 黄家宅系（Huangjiazhai Series）

土　族：壤质硅质混合型非酸性热性-普通简育水耕人为土
拟定者：杨金玲，赵玉国，李德成

分布与环境条件　主要
分布在上海市奉贤、闵行
和嘉定等地的冈身地区，
地形为沿江平原和滨海
平原，海拔约 3 m；成土
母质为河湖相沉积物；水
田，轮作制度主要为小麦
/油菜-水稻轮作或单季稻。
北亚热带湿润季风气候，
年均日照时数 2014 h，年
均气温 15.7℃，年均降水
量 1222 mm，无霜期 230 d。

黄家宅系典型景观

土系特征与变幅　诊断层包括水耕表层和水耕氧化还原层；诊断特性包括人为滞水土壤
水分状况、氧化还原特征和热性土壤温度状况。土体厚度 1 m 以上；水耕氧化还原层结
构面有 2%～15%的铁锰斑纹，土体中有 2%～5%小铁锰结核。通体为粉砂壤土。pH 为
6.3～8.0；无石灰反应。

对比土系　金云系和叶榭系，同一土族，但金云系水耕表层结构面有 15%～40%的锈纹
锈斑，水耕氧化还原层无铁锰结核，60～120 cm 质地为粉砂土；叶榭系 60～120 cm 质
地为粉砂土，且有强度石灰反应。

利用性能综述　土体深厚，质地适中，耕性好，通透性好，爽水透气，但耕作层偏浅，
有机质和氮磷等养分含量不高。利用改良上：①深耕，加厚耕作层；②增施有机肥、农
家肥和实行秸秆还田，以提高土壤肥力，改善土壤结构，增施化学氮肥和磷肥，增加作
物产量。

参比土种　强沟干泥。

代表性单个土体　位于上海市嘉定工业区人民村黄家宅，31°22′51.1″N，121°12′01.7″E，
平田，海拔 3.0 m，母质为河湖相沉积物。种植制度为小麦/油菜-水稻轮作或单季稻。调
查时间 2011 年 11 月，编号 31-018。

黄家宅系代表性单个土体剖面

Ap1：0~15 cm，浊黄色（2.5Y 6/3，干），灰黄色（2.5Y 6/2，润）；粉砂壤土，发育强的直径 1~2 mm 碎块状结构，稍坚实；结构面有 5%~10%的锈纹锈斑；平滑清晰过渡。

Ap2：15~21 cm，浊黄色（2.5Y 6/3，干），灰黄色（2.5Y 6/2，润）；粉砂壤土，发育强的直径 5~10 mm 块状结构，很坚实；结构面有 5%~10%的锈纹锈斑；平滑清晰过渡。

Br1：21~62 cm，亮黄棕色（2.5Y 6/6，干），浊黄色（2.5Y 6/4，润）；粉砂壤土，发育强的直径 10~20 mm 块状结构，很坚实；结构面有 5%~10%铁锰斑纹，土体中有 2%左右直径 2~3 mm 褐色软小铁锰结核；平滑清晰过渡。

Br2：62~81 cm，暗灰黄色（2.5Y 4/2，干），黄灰色（2.5Y 4/1，润）；粉砂壤土，发育中等的直径 10~20 mm 块状结构，坚实；结构面有 2%~5%铁锰斑纹；平滑清晰过渡。

BrC：81~120 cm，灰白色（2.5Y 8/2，干），灰黄色（2.5Y 7/2，润）；粉砂壤土，发育弱的直径 10~20 mm 块状结构，很坚实；结构面有 5%~15%铁锰斑纹，土体中有 2%~5%直径 2~3 mm 褐色软小铁锰结核。

黄家宅系代表性单个土体物理性质

| 土层 | 深度/cm | 砾石（2mm，体积分数）/% | 细土颗粒组成（粒径：mm）/（g/kg） | | | 细土质地 | 容重/（g/cm³） |
			砂粒 2~0.05	粉粒 0.05~0.002	黏粒 <0.002		
Ap1	0~15	0	139	667	194	粉砂壤土	1.31
Ap2	15~21	0	175	654	171	粉砂壤土	1.57
Br1	21~62	2	119	736	145	粉砂壤土	1.52
Br2	62~81	0	97	720	183	粉砂壤土	1.45
BrC	81~120	5	121	725	154	粉砂壤土	1.54

黄家宅系代表性单个土体化学性质

深度/cm	pH	有机质/（g/kg）	全氮（N）/（g/kg）	全磷（P_2O_5）/（g/kg）	全钾（K_2O）/（g/kg）	阳离子交换量/（cmol/kg）	游离氧化铁/（g/kg）
0~15	6.3	27.8	1.58	1.64	26.0	13.9	25.2
15~21	8.0	16.2	0.87	1.33	26.5	12.6	23.7
21~62	7.6	6.8	0.54	1.80	25.3	11.5	21.7
62~81	7.6	7.8	0.59	1.36	30.1	12.9	15.7
81~120	7.6	3.2	0.25	2.51	28.6	4.6	15.5

4.6.22　金云系（Jinyun Series）

土　族：壤质硅质混合型非酸性热性-普通简育水耕人为土
拟定者：杨金玲，张甘霖，黄　标

分布与环境条件　主要分布在上海市青浦和松江沿河港一带，地形为湖沼平原，海拔约 4 m；成土母质为河湖相沉积物；水田，轮作制度主要为小麦/油菜-水稻轮作或单季稻。北亚热带湿润季风气候，年均日照时数 2014 h，年均气温 15.7℃，年均降水量 1222 mm，无霜期 230 d。

金云系典型景观

土系特征与变幅　诊断层包括水耕表层和水耕氧化还原层；诊断特性包括人为滞水土壤水分状况、氧化还原特征和热性土壤温度状况。土体厚度 1 m 以上；水耕表层结构面有 15%～40%的锈纹锈斑；水耕氧化还原层结构面有 2%～5%的铁锰斑纹。层次质地构型为粉砂壤土-粉砂土。pH 为 6.2～8.2；通体无石灰反应。

对比土系　黄家宅系和叶榭系，同一土族，黄家宅系水耕氧化还原层有小铁锰结核，通体为粉砂壤土；叶榭系水耕氧化还原层结构面有 5%～40%的锈纹锈斑，80～120 cm 土体有强度石灰反应。

利用性能综述　土体深厚，质地适中，黏粒含量较低，耕性好，通透性好，爽水透气，但漏水漏肥。有机质和氮素含量不高，磷钾含量较高。表层具有大量的"鳝血"——锈纹锈斑，说明供肥性能较好。利用改良上：增施绿肥、农家肥和实行秸秆还田，以提高土壤肥力，改善土壤结构，增施化学氮肥，保证作物产量。

参比土种　砂身青黄土。

代表性单个土体　位于上海市青浦区徐泾镇金云村，31°08′28.3″N，121°16′18.7″E，平田，海拔 4.5 m，母质为河湖相沉积物。种植制度为小麦/油菜-水稻轮作或单季稻。调查时间 2011 年 11 月，编号 31-039。

Ap1：0～18cm，浊黄色（2.5Y 6/4，干），黄棕色（2.5Y 5/3，润）；粉砂壤土，发育强的直径＜5 mm 碎块状结构，极疏松；结构面有 15%～40%的锈纹锈斑；平滑清晰过渡。

Ap2：18～28 cm，浊黄色（2.5Y 6/4，干），黄棕色（2.5Y 5/3，润）；粉砂壤土，发育强的直径 5～10 mm 块状结构，坚实；结构面有 15%～40%的锈纹锈斑；平滑清晰过渡。

Br1：28～55 cm，浊黄色（2.5Y 6/4，干），黄棕色（2.5Y 5/3，润）；粉砂壤土，发育强的直径 10～20 mm 块状结构，很坚实；结构面有 5%～10%的铁锰斑纹；波状渐变过渡。

Br2：55～120 cm，浊黄色（2.5Y 6/4，干），黄棕色（2.5Y 5/3，润）；粉砂土，发育中等的直径 10～20 mm 块状结构，很坚实；结构面有 2%～5%的铁锰斑纹。

金云系代表性单个土体剖面

金云系代表性单个土体物理性质

土层	深度/cm	砾石（2mm，体积分数）/%	细土颗粒组成（粒径：mm）/（g/kg）			细土质地	容重/（g/cm³）
			砂粒 2～0.05	粉粒 0.05～0.002	黏粒 ＜0.002		
Ap1	0～18	0	59	769	172	粉砂壤土	1.14
Ap2	18～28	0	42	776	182	粉砂壤土	1.48
Br1	28～55	0	45	775	180	粉砂壤土	1.52
Br2	55～120	0	56	828	116	粉砂土	1.51

金云系代表性单个土体化学性质

深度/cm	pH	有机质/（g/kg）	全氮（N）/（g/kg）	全磷（P₂O₅）/（g/kg）	全钾（K₂O）/（g/kg）	阳离子交换量/（cmol/kg）	游离氧化铁/（g/kg）
0～18	6.2	25.5	1.53	3.48	23.2	13.2	10.6
18～28	6.9	13.4	0.77	1.98	23.6	11.6	9.5
28～55	7.5	5.2	0.39	1.49	24.8	11.1	8.1
55～120	8.2	5.2	0.40	1.50	25.1	10.6	10.8

4.6.23　叶榭系（Yexie Series）

土　　族：壤质硅质混合型非酸性热性-普通简育水耕人为土
拟定者：杨金玲，黄　标，李德成

分布与环境条件　主要分布
在上海市松江、青浦和金山，
大地形为湖沼平原，微地形
部位为淀泖洼地的低田和低
平田，海拔约 3 m；成土母质
为湖相沉积物；水田，轮作
制度主要为小麦/油菜-水稻
轮作或单季稻。北亚热带湿
润季风气候，年均日照时数
2014 h，年均气温 15.7℃，年
均降水量 1222　mm，无霜期
230 d。

叶榭系典型景观

土系特征与变幅　诊断层包括水耕表层和水耕氧化还原层；诊断特性包括人为滞水土壤
水分状况、氧化还原特征和热性土壤温度状况。土体厚度 1 m 以上；水耕氧化还原层结
构面有 5%～40%的锈纹锈斑，土体中有小铁锰结核。层次质地构型为粉砂壤土-粉砂土。
pH 为 7.5～8.5；80～120 cm 土体有强度石灰反应。

对比土系　黄家宅系和金云系，同一土族，但黄家宅系通体为粉砂壤土，无石灰反应；
金云系通体无石灰反应，水耕表层结构面有 15%～40%的锈纹锈斑。

利用性能综述　土体深厚，质地适中，耕性好，通透性好，爽水透气。氮磷含量不高，
供肥性能好，但耕作层浅。利用改良上：①深耕，加厚耕作层；②增施绿肥、农家肥和
实行秸秆还田，以提高土壤肥力，改善土壤结构，增施化学氮肥和磷肥，增加作物产量。

参比土种　青紫泥。

代表性单个土体　位于上海市松江区叶榭镇井凌村，30°56′39.1″N，121°15′23.1″E，平田，
海拔 3.5 m，母质为湖相沉积物。种植制度为小麦/油菜-水稻轮作或单季稻。调查时间 2011
年 11 月，编号 31-053。

　　Ap1：0～12 cm，暗灰黄色（2.5Y 5/2，干），黄灰色（2.5Y 5/1，润）；粉砂壤土，发育强的直径
1～2 mm 碎块状结构，疏松；结构面有 2%～5% 的锈纹锈斑；土体中有 2～3 个贝壳，平滑清晰过渡。

Ap2：12～22 cm，暗灰黄色（2.5Y 5/2，干），黄灰色（2.5Y 5/1，润）；粉砂壤土，发育强的直径 5～10 mm 块状结构，坚实；结构面有 5%～15% 的锈纹锈斑；土体中有 2～3 个贝壳；平滑清晰过渡。

Br1：22～60 cm，浊黄色（2.5Y 6/3，干），暗灰黄色（2.5Y 5/2，润）；粉砂壤土，发育强的直径 10～20 mm 块状结构，很坚实；结构面有 5%～15% 的铁锰斑纹，土体中有 5%～10% 的直径 2～3 mm 褐色软小铁锰结核；波状渐变过渡。

Br2：60～80 cm，浊黄色（2.5Y 6/3，干），暗灰黄色（2.5Y 5/2，润）；粉砂土，发育弱的直径 5～10 mm 块状结构，疏松；结构面有 10%～15% 的锈纹锈斑，土体中有 5%～10% 的直径 2～3 mm 褐色软小铁锰结核，2～3 个贝壳；平滑清晰过渡。

BrC：80～120 cm，浊黄色（2.5Y 6/3，干），暗灰黄色（2.5Y 5/2，润）；粉砂土，发育很弱的直径 2～5 mm 块状结构，疏松；结构面有 15%～40% 的锈纹锈斑；土体中有约 10% 贝壳；强度石灰反应。

叶榭系代表性单个土体剖面

叶榭系代表性单个土体物理性质

土层	深度/cm	砾石（2mm，体积分数）/%	细土颗粒组成（粒径：mm）/（g/kg）			细土质地	容重/（g/cm³）
			砂粒 2～0.05	粉粒 0.05～0.002	黏粒 <0.002		
Ap1	0～12	0	95	719	186	粉砂壤土	1.15
Ap2	12～22	0	68	748	184	粉砂壤土	1.46
Br1	22～60	0	58	776	166	粉砂壤土	1.55
Br2	60～80	0	72	817	111	粉砂土	1.47
BrC	80～120	0	58	866	76	粉砂土	1.50

叶榭系代表性单个土体化学性质

深度/cm	pH	有机质/（g/kg）	全氮（N）/（g/kg）	全磷（P₂O₅）/（g/kg）	全钾（K₂O）/（g/kg）	阳离子交换量/（cmol/kg）	游离氧化铁/（g/kg）
0～12	7.9	30.4	1.89	1.72	25.5	13.7	10.7
12～22	8.2	23.2	1.50	1.90	25.4	11.9	11.2
22～60	8.3	5.7	0.40	1.62	26.8	9.2	10.7
60～80	7.8	5.2	0.35	1.53	26.0	8.1	8.6
80～120	8.5	5.2	0.33	1.56	25.2	6.1	8.9

第5章 潜 育 土

5.1 弱盐简育正常潜育土

5.1.1 沿港系〔Yan'gang Series〕

土　　族：黏壤质硅质混合型石灰性热性-弱盐简育正常潜育土
拟定者：杨金玲，赵玉国，张甘霖

分布与环境条件　主要分布在上海市崇明、宝山和浦东新区等地的河口两侧的堤外潮间带，海拔 0 m；成土母质为河流冲积物，滩涂，潮间带。北亚热带湿润季风气候，年均日照时数 2014 h，年均气温 15.7℃，年均降水量 1222 mm，无霜期 230 d。

沿港系典型景观

土系特征与变幅　诊断层包括淡薄表层；诊断特性包括潜育特征、石灰性、常潮湿土壤水分状况、氧化还原特征、热性土壤温度状况和盐积现象。土体厚度 1 m 以上；土体构型为 AC-C，表层即可见冲积层理；受长江水的影响，通体有潜育特征，为粉砂壤土；泥糊状。pH 为 7.5～8.5；碳酸钙相当物含量很高 65～75 g/kg，具有强度石灰反应；易溶盐含量 0.5～8 g/kg，表层最高。

对比土系　朱墩系，同一土族，但朱墩系为滩涂，属于潮湿土壤水分状况，20 cm 以下土体出现潜育特征。屏东系，地形部位和成土母质一致，地理位置相近，均具有盐积现象，但屏东系潜育特征出现在 60 cm 以下，不同土纲，为新成土。

利用性能综述　近河口地段，潮汐侵渍频繁，潜水位虽然较高，矿化度一般低于 5 g/L，质地适中，土体爽漏，有机质、氮素和磷素含量偏低，一旦围垦，土壤脱盐较快，是较好的后备农业土壤资源，但从保护宝贵的湿地资源角度考虑，不宜转为他用。

参比土种　潮间盐化土。

沿港系代表性单个土体剖面

代表性单个土体　位于上海市崇明县沿港路北端潮间滩地，31°39′17.6″N，121°41′40.9″E，海拔 0 m，母质长江新积盐渍淤泥。草类植被，覆盖度＜15%。调查时间 2011 年 6 月，编号 31-008。

ACg：0～15cm，橄榄黄色（5Y6/3，干），灰橄榄色（5Y 5/3，润）；粉砂壤土，泥糊状，有亚铁反应，可见冲积沉积层理，虫孔较多，强度石灰反应；平滑清晰过渡。

Cg1：15～55cm，浊黄色（5Y 7/4，干），橄榄黄色（5Y 6/4，润）；粉砂壤土，泥糊状，有亚铁反应，沉积层理较为清晰，虫孔较多，强度石灰反应，有＜2%的锈纹锈斑；平滑清晰过渡。

Cg2：55～85cm，灰色（5Y 6/1，干），灰色（5Y 5/1，润）；粉砂壤土，泥糊状，有亚铁反应，沉积层理清晰，强度石灰反应；波状渐变过渡。

Cg3：85～110cm，灰色（5Y 6/1，干），灰色（5Y 5/1，润）；粉砂壤土，泥糊状，有亚铁反应，沉积层理清晰，强度石灰反应。

沿港系代表性单个土体物理性质

土层	深度/cm	砾石（2mm，体积分数）/%	细土颗粒组成（粒径：mm）/（g/kg）砂粒 2～0.05	粉粒 0.05～0.002	黏粒 ＜0.002	细土质地	容重/（g/cm³）
ACg	0～15	0	59	699	242	粉砂壤土	1.31
Cg1	15～55	0	123	690	187	粉砂壤土	1.04
Cg2	55～85	0	268	546	186	粉砂壤土	1.28
Cg3	85～110	0	130	605	265	粉砂壤土	1.00

沿港系代表性单个土体化学性质

深度/cm	pH	有机质/（g/kg）	全氮（N）/（g/kg）	全磷（P_2O_5）/（g/kg）	全钾（K_2O）/（g/kg）	阳离子交换量/（cmol/kg）	游离氧化铁/（g/kg）	$CaCO_3$/（g/kg）	易溶盐/（g/kg）
0～15	7.7	13.3	0.67	1.61	28.8	9.6	26.8	71.8	7.02
15～55	8.3	8.9	0.70	1.23	27.7	9.9	36.6	71.5	0.52
55～85	8.4	11.5	0.62	1.55	27.7	8.1	26.5	76.0	2.79
85～110	8.4	16.0	0.88	1.63	30.9	11.9	37.4	69.5	4.29

5.1.2 朱墩系（Zhudun Series）

土　族：黏壤质硅质混合型石灰性热性-弱盐简育正常潜育土
拟定者：杨金玲，张甘霖，杨　飞

分布与环境条件　主要分布
在上海市崇明、浦东新区、奉
贤和宝山等地新围堤内的滩
涂，地形为沿江平原和滨海平
原，海拔约 2 m；成土母质为
江海沉积物。北亚热带湿润季
风气候，年均日照时数 2014 h，
年均气温 15.7℃，年均降水量
1222 mm，无霜期 230 d。

朱墩系典型景观

土壤特征与变幅　诊断层包括淡薄表层；诊断特性包括潜育特征、石灰性、潮湿土壤水分状
况、氧化还原特征、热性土壤温度状况和盐积现象。土体厚度 1 m 以上；表层 0~10 cm 具有
发育弱的碎块状结构，以下冲积层理明显。受长江水的影响，10~20 cm 以上土体具有
氧化还原特征，结构面有<2%的锈纹锈斑。之下土体颜色 2.5Y 5/1~2.5Y 5/2（干），
泥糊状，潜育特征明显。整个土体可溶盐含量 2~6 g/kg。层次质地构型为粉砂壤土-粉
砂质黏壤土；pH 为 8.0~8.5；碳酸钙相当物含量较高，40~65 g/kg，通体有强度石灰反应。
对比土系　沿港系，同一土族，但处于潮间带，长期被水分浸润，属常潮湿土壤水分状
况，通体有潜育特征。谢家系，位于同一乡镇，空间位置相近，但不同土纲，为水耕人
为土。
利用性能综述　土体深厚，质地适中，耕性好，通透性好，爽水透气，保水保肥性较差。
被堤围不久，由于淡水补给条件较好，矿化度一般低于 5 g/L。有机质、氮素和磷素含量
很低。一旦围垦，土壤脱盐较快，是较好的后备农业土壤资源。利用改良上：①可用于
近江海水产养殖基地；②改为耕地需要挖深沟排水，降低地下水位和潜育程度；增施有
机肥和氮磷肥，以提高土壤肥力和改善土壤结构。
参比土种　砂质盐化土。
代表性单个土体　位于上海市奉贤区奉城镇朱墩村，30°52′13.3″N，121°36′42.7″E，海拔
2 m，母质为江海沉积物。滩涂，芦苇覆盖度<15%。调查时间 2011 年 11 月，编号 31-014。

朱墩系代表性单个土体剖面

A：0～10cm，淡黄色（2.5Y 7/4，干），浊黄色（2.5Y 6/4，润）；粉砂壤土，发育较弱的＜5 mm 碎块状结构，稍坚实；5～8 条/dm² 芦苇根系；结构面有 2%～5%的锈纹锈斑；强度石灰反应；平滑清晰过渡。

Cr：10～20cm，淡黄色（2.5Y 7/4，干），黄棕色（2.5Y 5/4，润）；粉砂壤土，稍坚实；沉积层理明显；5～8 条/dm² 芦苇根系；结构面有＜2%的锈纹锈斑；强度石灰反应；平滑清晰过渡。

Cg1：20～55cm，暗灰黄色（2.5Y 5/2，干），黄灰色（2.5Y 5/1，润）；粉砂壤土，泥糊状，有亚铁反应；沉积层理明显；1～3 条/dm² 芦苇根系；强度石灰反应；平滑清晰过渡。

Cg2：55～110cm，黄灰色（2.5Y 5/1，干），黄灰色（2.5Y 4/1，润）；粉砂质黏壤土；泥糊状，有亚铁反应；沉积层理明显；强度石灰反应。

朱墩系代表性单个土体物理性质

土层	深度/cm	砾石（2mm，体积分数）/%	细土颗粒组成（粒径：mm）/（g/kg）			细土质地	容重/（g/cm³）
			砂粒 2～0.05	粉粒 0.05～0.002	黏粒 ＜0.002		
A	0～10	0	247	614	139	粉砂壤土	1.33
Cr	10～20	0	209	643	148	粉砂壤土	1.36
Cg1	20～55	0	155	656	189	粉砂壤土	1.37
Cg2	55～110	0	56	616	328	粉砂质黏壤土	1.11

朱墩系代表性单个土体化学性质

深度/cm	pH	有机质/（g/kg）	全氮（N）/（g/kg）	全磷（P₂O₅）/（g/kg）	全钾（K₂O）/（g/kg）	阳离子交换量/（cmol/kg）	游离氧化铁/（g/kg）	CaCO₃/（g/kg）	易溶盐/（g/kg）
0～10	8.5	4.3	0.33	1.41	24.3	4.4	17.6	44.1	2.33
10～20	8.3	6.3	0.38	1.48	25.4	5.0	20.8	54.9	3.05
20～55	8.8	5.0	0.30	1.46	24.2	5.3	20.6	59.4	2.06
55～110	8.5	11.7	0.78	1.59	29.0	12.2	33.7	60.9	5.06

第6章 雏 形 土

6.1 弱盐淡色潮湿雏形土

6.1.1 芦潮系（Luchao Series）

土　　族：黏壤质硅质混合型石灰性热性-弱盐淡色潮湿雏形土
拟定者：杨金玲，赵玉国，陈吉科

分布与环境条件　主要分布
在上海市浦东新区和嘉定，
地形为沿江平原和滨海平原，
海拔约 3 m；成土母质为江海
沉积物；利用方式为旱作或
者果园。北亚热带湿润季风
气候，年均日照时数 2014 h，
年均气温 15.7℃，年均降水
量 1222 mm，无霜期 230 d。

芦潮系典型景观

土系特征与变幅　诊断层包括淡薄表层和雏形层；诊断特性包括潮湿土壤水分状况、氧
化还原特征、石灰性、热性土壤温度状况和盐积现象。土体厚度 1 m 以上；淡薄表层厚
度 25～40 cm，之下为雏形层，雏形层土体结构面有 2%～5%铁锰斑纹，土体中有 2%左
右直径 2～3 mm 褐色软小铁锰结核，盐分高达 2～5 g/kg。层次质地构型为砂质壤土-粉
砂质黏壤土-砂质壤土。pH 为 7.5～8.5；碳酸钙相当物含量 10～70 g/kg，自上而下逐渐
增加，中度-强度石灰反应。

对比土系　祝桥系和亭园系，地理位置相近，地形部位和成土母质一致，土族控制层段
的颗粒大小级别相同，均具有石灰反应。祝桥系与之属于同一土族，但通体为粉砂壤土，
具有灰色胶膜，BrC 层为灰黄棕色（10YR 5/2，干）。亭园系，土地利用相同，均为旱
地改为果园，但亭园系不具有盐积现象，不同亚类，为石灰淡色潮湿雏形土。

利用性能综述　土体深厚，质地适宜，耕性好，通透性好，土壤养分含量高，保肥供肥
性能好，下层的盐分含量较高，不影响上层的利用。利用改良上：增加地面覆被，防止
水土流失，改善土壤结构，增加盐分的淋洗。

参比土种　园林沟干泥。

芦潮系代表性单个土体剖面

代表性单个土体　位于上海市浦东新区芦潮港镇汇角村，30°53′05.8″N，21°50′14.3″E，滨海平原，海拔 3.2 m，母质为江海沉积物。原为旱地，后改为桃园多年。调查时间 2011 年 11 月，编号 31-028。

Ap：0～11 cm，浊黄橙色（10YR 6/4，干），浊黄棕色（10YR 5/4，润）；粉砂壤土，发育中等的直径 5～10 mm 块状结构，疏松；桃树根系，丰度约 5～8 条/dm²；1～2 条蚯蚓；中度石灰反应；波状渐变过渡。

AB：11～36 cm，浊黄橙色（10YR 6/4，干），浊黄棕色（10YR 5/4，润）；粉砂壤土，发育中等的直径 5～10 mm 块状结构，坚实；桃树根系，丰度约 1～3 条/dm²；强度石灰反应；平滑清晰过渡。

Br：36～70 cm，浊黄橙色（10YR 6/4，干），浊黄棕色（10YR 5/4，润）；粉砂质黏壤土，发育中等的直径 10～20 mm 块状结构，很坚实；桃树根系，丰度约 1～3 条/dm²；结构面有 2% 左右铁锰斑纹，土体中 2% 左右直径 2～3 mm 褐色软小铁锰结核；强度石灰反应；盐分含量较高，具有盐积现象；波状渐变过渡。

BrC：70～110 cm，浊黄橙色（10YR 7/3，干），浊黄橙色（10YR 6/3，润）；粉砂壤土，发育弱的直径 10～20 mm 块状结构，坚实；结构面有 2%～5% 左右铁锰斑纹，土体中 2% 左右直径 2～3 mm 褐色软小铁锰结核；强度石灰反应。

芦潮系代表性单个土体物理性质

土层	深度/cm	砾石（2mm，体积分数）/%	细土颗粒组成（粒径：mm）/（g/kg）			细土质地	容重/（g/cm³）
			砂粒 2～0.05	粉粒 0.05～0.002	黏粒 <0.002		
Ap	0～11	0	89	708	203	粉砂壤土	1.24
AB	11～36	2	69	716	215	粉砂壤土	1.43
Br	36～70	2	42	672	286	粉砂质黏壤土	1.48
BrC	70～110	2	91	713	196	粉砂壤土	1.51

芦潮系代表性单个土体化学性质

深度/cm	pH	有机质/（g/kg）	全氮（N）/（g/kg）	全磷（P₂O₅）/（g/kg）	全钾（K₂O）/（g/kg）	阳离子交换量/（cmol/kg）	游离氧化铁/（g/kg）	CaCO₃/（g/kg）	易溶盐/（g/kg）
0～11	7.6	54.4	2.63	4.03	26.6	14.1	25.5	15.4	0.74
11～36	7.9	23.9	1.11	2.31	25.8	11.1	26.2	41.0	0.89
36～70	8.0	8.6	0.76	1.43	27.9	10	30.1	63.2	2.61
70～110	8.2	4.5	0.48	1.32	25.8	6.7	22.7	64.5	1.22

6.1.2 祝桥系（Zhuqiao Series）

土　族：黏壤质硅质混合型石灰性热性-弱盐淡色潮湿雏形土
拟定者：杨金玲，张甘霖，杨　飞

分布与环境条件　主要分布在上海市东部沿海及沙岛地区，如浦东新区、奉贤和崇明，地形为沿江平原和滨海平原，海拔约 3 m；成土母质为江海沉积物；利用方式为旱作或者果园。北亚热带湿润季风气候，年均日照时数 2014 h，年均气温 15.7℃，年均降雨量 1222 mm，无霜期 230 d。

祝桥系典型景观

土系特征与变幅　诊断层包括淡薄表层和雏形层；诊断特性包括潮湿土壤水分状况、氧化还原特征、石灰性、热性土壤温度状况和盐积现象。土体厚度 1 m 以上；淡薄表层厚度 10～20 cm，之下为雏形层，具有氧化还原特征，结构面有 2%～5%的锈纹锈斑和 2%左右铁锰斑纹、灰色胶膜，土体中有直径 2～3 mm 褐色软小铁锰结核。120 cm 以下夹有颜色发暗的含 5%～10%砾石的土层。矿质土表下 50～120 cm 盐分含量大于 10 g/kg。通体为粉砂壤土。pH 为 8.0～9.0；碳酸钙相当物含量 50～60 g/kg，通体具有强度石灰反应。

对比土系　芦潮系，同一土族，但芦潮系层次质地构型为砂质壤土-粉砂质黏壤土-砂质壤土，没有灰色胶膜。

利用性能综述　土体深厚，质地适宜，耕性好，通透性好，但漏水漏肥。有机质、氮和磷含量很低，保肥供肥性能较差，底层盐分含量很高。利用改良上应增施绿肥和农家肥，以提高土壤肥力，改善土壤结构，增强盐分淋洗；增加化学氮磷钾肥的使用，保证作物产量。

参比土种　菜园黄潮泥。

代表性单个土体　位于上海市浦东新区祝桥镇朝阳村，31°4′25.8″N，121°50′42.1″E，滨海平原，海拔 3.0 m，母质为江海沉积物。蔬菜地，目前轮作制度为蔬菜-豆（棉）。调查时间 2011 年 11 月，编号 31-031。

　　Ap：0～18 cm，浊黄橙色（10YR 6/3，干），浊黄棕色（10YR 5/4，润）；粉砂壤土，发育中等的直径<5 mm 屑粒状和碎块状结构，稍坚实；强度石灰反应；平滑清晰过渡。

祝桥系代表性单个土体剖面

Br1：18～28 cm，浊黄橙色（10YR 6/3，干），浊黄棕色（10YR 5/3，润）；粉砂壤土，发育中等的直径 5～10 mm 块状结构，具有细小的云母片，坚实；结构面有<2%的锈纹锈斑；强度石灰反应；平滑清晰过渡。

Br2：28～58 cm，浊黄橙色（10YR 6/3，干），浊黄棕色（10YR 5/4，润）；粉砂壤土，发育弱的直径 5～10 mm 块状结构，具有细小的云母片，坚实；结构面有 2%～5%锈纹锈斑；强度石灰反应；平滑清晰过渡。

Br3：58～120 cm，亮黄棕色（10YR 6/6，干），浊黄橙色（10YR 6/4，润）；粉砂壤土，发育弱的直径 5～10 mm 块状结构，很坚实；结构面有 2%左右铁锰斑纹，2%左右灰色薄胶膜，土体中有 2%左右直径 2～3 mm 褐色软小铁锰结核；强度石灰反应；盐分含量高达 12 g/kg；平滑清晰过渡。

BrC：120～130 cm，灰黄棕色（10YR 5/2，干），棕灰色（10YR 5/1，润）；粉砂壤土，有 5%～10%>2cm 的砾石；发育弱的块状结构，坚实；沉积层理明显，<2%锈纹锈斑；强度石灰反应。

祝桥系代表性单个土体物理性质

| 土层 | 深度/cm | 砾石（2mm，体积分数）/% | 细土颗粒组成（粒径：mm）/（g/kg） | | | 细土质地 | 容重/（g/cm³） |
			砂粒 2～0.05	粉粒 0.05～0.002	黏粒 <0.002		
Ap1	0～18	0	183	608	209	粉砂壤土	1.39
Br1	18～28	0	266	569	165	粉砂壤土	1.51
Br2	28～58	2	205	624	171	粉砂壤土	1.53
Br3	58～120	0	71	674	255	粉砂壤土	1.53
BrC	120～130	6	172	606	222	粉砂壤土	1.49

祝桥系代表性单个土体化学性质

深度/cm	pH	有机质/（g/kg）	全氮（N）/（g/kg）	全磷（P₂O₅）/（g/kg）	全钾（K₂O）/（g/kg）	阳离子交换量/（cmol/kg）	游离氧化铁/（g/kg）	CaCO₃/（g/kg）	易溶盐/（g/kg）
0～18	8.3	9.7	0.64	1.68	25.1	7.2	21.4	54.4	0.67
18～28	8.5	4.9	0.30	1.35	24.5	5.4	19.5	51.9	0.85
28～58	8.4	3.6	0.26	1.34	23.9	4.7	29.0	54.0	0.91
58～120	8.3	6.9	0.55	1.52	27.2	8.8	17.6	55.3	12.27
120～130	8.6	5.5	0.39	1.46	24.6	5.8	20.6	58.8	0.68

6.2　石灰淡色潮湿雏形土

6.2.1　桃博园系（Taoboyuan Series）

土　族：黏壤质硅质混合型热性-石灰淡色潮湿雏形土
拟定者：杨金玲，赵玉国，陈吉科

分布与环境条件　散布于上海市各郊区，地形为沿江平原和滨海平原，海拔约 3 m；成土母质为江海沉积物；利用方式为旱作或者果园。北亚热带湿润季风气候，年均日照时数 2014 h，年均气温 15.7℃，年均降水量 1222 mm，无霜期 230 d。

桃博园系典型景观

土系特征与变幅　诊断层包括淡薄表层和雏形层；诊断特性包括潮湿土壤水分状况、氧化还原特征、石灰性和热性土壤温度状况。土体厚度 1 m 以上；淡薄表层厚度 10～15 cm，之下为雏形层，结构面有 2% 的锈纹锈斑和 5%～10% 铁锰斑纹。层次质地构型为粉砂壤土-粉砂质黏壤土。pH 为 7.5～8.6；碳酸钙相当物含量 10～55 g/kg，自上而下逐渐增加，轻度-强度石灰反应；盐分含量均低于 1.0 g/kg。

对比土系　亭园系，同一土族，同为旱地改果园，但亭园系土体中有铁锰结核，30 cm 以下土体有铁锰斑纹，中度-强度石灰反应。老港系，位于同一乡镇，空间位置相近，为不同土纲，为水耕人为土。

利用性能综述　土体深厚，耕作层质地适宜，耕性好，通透性好，但耕层较薄，有机质和氮磷含量不高，存在生土熟化问题。利用改良上：①深耕，加厚耕作层；②增施绿肥和农家肥，以提高土壤肥力，改善土壤结构。

参比土种　挖平土。

代表性单个土体　位于上海市浦东新区老港镇李家村桃博园附近，31°01′28.3″N，121°49′07.4″E，母质为江海沉积物，滨海平原，海拔 3.2 m。原为旱地，经过平整，上部土体被搬移，形成生土层裸露的土壤后改为桃园多年。调查时间 2011 年 11 月，编号 31-026。

桃博园系代表性单个土体剖面

Ap: 0～12 cm, 浊黄橙色（10YR 6/3, 干）, 浊黄棕色（10YR 5/4, 润）; 粉砂壤土, 发育中等的直径 5～10 mm 块状结构, 疏松; 桃树根系, 丰度约 5～8 条/dm², 轻度石灰反应; 平滑清晰过渡。

Br1: 12～25 cm, 浊黄橙色（10YR 6/3, 干）, 浊黄棕色（10YR 5/3, 润）; 粉砂壤土, 发育中等的直径 5～10 mm 块状结构, 坚实; 桃树根系, 丰度约 5～8 条/dm²; 结构面有 2% 左右的锈纹锈斑; 轻度石灰反应; 平滑清晰过渡。

Br2: 25～68 cm, 灰黄棕色（10YR 6/2, 干）, 灰黄棕色（10YR 5/2, 润）; 粉砂质黏壤土, 发育中等的直径 10～20 mm 块状结构, 很坚实; 结构面有 2%～5% 的铁锰斑纹; 强度石灰反应; 波状渐变过渡。

BrC: 68～110 cm, 浊黄橙色（10YR 7/2, 干）, 灰黄棕色（10YR 6/2, 润）; 粉砂质黏壤土, 发育弱的直径 10～20 mm 块状结构, 坚实; 结构面有 5%～10% 的铁锰斑纹; 强度石灰反应。

桃博园系代表性单个土体物理性质

土层	深度/cm	砾石（2mm, 体积分数）/%	细土颗粒组成（粒径: mm）/（g/kg）			细土质地	容重/（g/cm³）
			砂粒 2～0.05	粉粒 0.05～0.002	黏粒 <0.002		
Ap	0～12	0	102	656	242	粉砂壤土	1.33
Br1	12～25	0	121	637	242	粉砂壤土	1.46
Br2	25～68	3.5	38	668	294	粉砂质黏壤土	1.62
BrC	68～110	3.5	46	682	272	粉砂质黏壤土	1.52

桃博园系代表性单个土体化学性质

深度/cm	pH	有机质/（g/kg）	全氮（N）/（g/kg）	全磷（P₂O₅）/（g/kg）	全钾（K₂O）/（g/kg）	阳离子交换量/（cmol/kg）	游离氧化铁/（g/kg）	CaCO₃/（g/kg）	易溶盐/（g/kg）
0～12	7.9	27.3	1.64	2.04	28.6	13.2	24.3	12.8	0.67
12～25	8.1	17.7	1.22	1.93	27.8	11.8	24.5	14.7	0.81
25～68	8.2	8.9	0.75	1.26	29.9	11.2	29.9	34.6	0.60
68～110	8.6	5.3	0.48	1.30	28.0	8.7	27.5	52.6	0.79

6.2.2 亭园系（Tingyuan Series）

土　族：黏壤质硅质混合型热性-石灰淡色潮湿雏形土
拟定者：杨金玲，赵玉国，陈吉科

分布与环境条件　主要分布
在上海市东部沿海及沙岛地
区，如浦东新区、奉贤和崇
明，地形为沿江平原和滨海
平原，海拔约 3 m；成土母质
为江海沉积物；利用方式为
旱作或者果园。北亚热带湿
润季风气候，年均日照时数
2014 h，年均气温 15.7℃，年
均降水量 1222 mm，无霜期
230 d。

亭园系典型景观

土系特征与变幅　诊断层包括淡薄表层和雏形层；诊断特性包括潮湿土壤水分状况、氧
化还原特征、石灰性和热性土壤温度状况。土体厚度 1 m 以上；淡薄表层厚度 25～40 cm，
雏形层结构面有 5%～15%铁锰斑纹，土体中有 2%左右直径 2～3 mm 褐色软小铁锰结核。
层次质地构型为砂质壤土-粉砂质黏壤土。pH 为 7.0～8.5；碳酸钙相当物含量 15～65 g/kg，
自上而下逐渐增加，中度-强度石灰反应；盐分含量<2 g/kg。
对比土系　桃博园系，同一土族，但 15 cm 以下土体即出现铁锰斑纹，但无铁锰结核，
轻度-强度石灰反应。芦潮系。地理位置相近，地形部位和成土母质一致，土族控制层段
的颗粒大小级别相同，均具有强的石灰反应和相同的土地利用。但芦潮系为不同亚类，
具有盐积现象，属于弱盐淡色潮湿雏形土。
利用性能综述　土体深厚，质地较黏重，耕性较差，通透性一般，但养分含量较高，保
肥供肥性能较好。利用改良上应：合理利用土壤资源，实行间作套种，增加地面覆被，
防止水土流失，以增加土壤养分储量，保持土壤肥力，改善土壤结构。
参比土种　旱作黄泥。
代表性单个土体　位于上海市浦东新区书院镇亭园新村，30°59′25.9″N，121°52′28.1″E，
滨海平原，海拔 3.0 m，母质为江海沉积物。原为旱地，后改为桃园多年。调查时间 2011
年 11 月，编号 31-030。

亭园系代表性单个土体剖面

Ap: 0～10cm，浊黄橙色（10YR 6/3，干），浊黄棕色（10YR 5/4，润）；粉砂壤土，发育中等的直径 5～10 mm 块状结构，疏松；桃树根系，丰度约 3～5 条/dm²；1～3 条蚯蚓，中度石灰反应，波状渐变过渡。

AB：10～28cm，浊黄橙色（10YR 6/3，干），浊黄棕色（10YR 5/4，润）；粉砂质黏壤土，发育中等的直径 5～10 mm 块状结构，坚实；桃树根系，丰度约 1～3 条/dm²；中度石灰反应，平滑清晰过渡。

Br1：28～50cm，浊黄橙色（10YR 6/4，干），浊黄棕色（10YR 5/4，润）；粉砂质黏壤土，发育中等的直径 10～20 mm 块状结构，很坚实；结构面有 5%～15%铁锰斑纹，2%左右直径 2～3 mm 褐色软小铁锰结核；强度石灰反应，平滑清晰过渡。

Br2：50～110cm，浊黄橙色（10YR 7/3，干），浊黄橙色（10YR 6/3，润）；粉砂质黏壤土，发育中等的直径 10～20 mm 块状结构，坚实；结构面有 5%～15%铁锰斑纹，2%左右直径 2～3 mm 褐色软小铁锰结核，强度石灰反应。

亭园系代表性单个土体物理性质

土层	深度/cm	砾石 (2mm，体积分数) /%	细土颗粒组成（粒径：mm）/（g/kg）			细土质地	容重 /（g/cm³）
			砂粒 2～0.05	粉粒 0.05～0.002	黏粒 <0.002		
Ap	0～10	0	103	642	255	粉砂壤土	1.23
AB	10～28	0	97	628	275	粉砂质黏壤土	1.43
Br1	28～50	2	63	568	369	粉砂质黏壤土	1.49
Br2	50～110	2	30	670	300	粉砂质黏壤土	1.43

亭园系代表性单个土体化学性质

深度/cm	pH	有机质 /（g/kg）	全氮（N） /（g/kg）	全磷（P₂O₅） /（g/kg）	全钾（K₂O） /（g/kg）	阳离子交换量/（cmol/kg）	游离氧化铁/ （g/kg）	CaCO₃ /（g/kg）	易溶盐 /（g/kg）
0～10	7.0	47.9	2.54	5.35	27.9	17.0	31.7	18.2	1.30
10～28	7.9	24.3	1.52	2.29	29.5	13.8	33.0	29.4	1.70
28～50	8.1	10.3	0.82	1.45	31.3	14.6	44.1	57.9	1.34
50～110	8.5	8.7	0.53	1.48	28.8	11.1	38.5	61.4	0.86

6.2.3　新海系（Xinhai Series）

土　　族：壤质硅质混合型热性-石灰淡色潮湿雏形土
拟定者：杨金玲，张甘霖，黄来明

分布与环境条件　主要分布
在上海市崇明、浦东新区、
奉贤和宝山，地形为沿江平
原和滨海平原，海拔约 3 m；
成土母质为河流冲积物；围
垦时间 30～130 年不等；利
用方式为旱作或者果园。北
亚热带湿润季风气候，年均
日照时数 2014 h，年均气温
15.7℃，年均降水量 1222 mm，
无霜期 230 d。

新海系典型景观

土系特征与变幅　诊断层包括淡薄表层和雏形层；诊断特性包括潮湿土壤水分状况、氧
化还原特征、石灰性和热性土壤温度状况。土体厚度 1 m 以上；淡薄表层厚度 25～40 cm，
之下为雏形层，雏形层具有氧化还原特征，结构面有 2%～10%的铁锰斑纹。通体为粉砂
壤土。pH 为 8.0～8.5；碳酸钙相当物含量 55～75 g/kg，由上到下逐渐增加，通体具有强
度石灰反应；盐分含量低于 1.0 g/kg。

对比土系　永南系，同一土族，但 30 cm 以上土体碳酸钙淋溶强烈，为轻度石灰反应，
整个土体均具有氧化还原特征。

利用性能综述　土体深厚，质地适中，耕性好，通透性好，土壤养分含量不高，保肥供
肥性能好。利用改良上：增施有机肥和实行秸秆还田，以进一步提高土壤肥力，改善土
壤结构，增施化学氮肥，保证作物产量。

参比土种　盐化底夹砂泥。

代表性单个土体　位于上海市崇明县新海镇新东牧场，31°48′21.1″N，121°20′31.7″E，沿
江平原，海拔 3.0 m，母质为长江冲积物。旱地，轮作制度主要为小麦-玉米。调查时间
2011 年 6 月，编号 31-010。

新海系代表性单个土体剖面

Ap: 0～15 cm，浊黄橙色（10YR 6/4，干），浊黄棕色（10YR 5/4，润）；粉砂壤土，发育中等的直径 5～10 mm 块状结构，疏松；强度石灰反应；平滑清晰过渡。

AB: 15～30 cm，浊黄橙色（10YR 7/3，干），浊黄棕色（10YR 5/3，润）；粉砂壤土，发育中等的直径 10～20 mm 块状结构，很坚实；强度石灰反应；平滑清晰过渡。

Br: 30～60 cm，浊黄橙色（10YR 7/3，干），浊黄棕色（10YR 5/3，润）；粉砂壤土，发育弱的直径 5～10 mm 块状结构，坚实；结构面有 2%～5% 左右铁锰斑纹，强度石灰反应；平滑清晰过渡。

BrC 层：60～110 cm，浊黄橙色（10YR 7/3，干），浊黄棕色（10YR 5/3，润）；粉砂壤土，沉积层理明显；稍坚实；结构面有 5%～15% 铁锰斑纹；强度石灰反应。

新海系代表性单个土体物理性质

土层	深度/cm	砾石（2mm，体积分数）/%	细土颗粒组成（粒径：mm）/（g/kg）			细土质地	容重/（g/cm³）
			砂粒 2～0.05	粉粒 0.05～0.002	黏粒 <0.002		
Ap	0～15	0	148	647	205	粉砂壤土	1.33
AB	15～30	0	178	632	190	粉砂壤土	1.52
Br	30～60	0	220	623	157	粉砂壤土	1.48
BrC	60～110	0	191	641	168	粉砂壤土	1.37

新海系代表性单个土体化学性质

深度/cm	pH	有机质/（g/kg）	全氮（N）/（g/kg）	全磷（P₂O₅）/（g/kg）	全钾（K₂O）/（g/kg）	阳离子交换量/（cmol/kg）	游离氧化铁/（g/kg）	CaCO₃/（g/kg）	易溶盐/（g/kg）
0～15	8.2	34.2	1.42	2.46	25.8	10.9	27.6	58.4	0.68
15～30	8.4	25.9	0.99	1.93	26.9	9.9	29.1	61.2	0.71
30～60	8.4	10.6	0.44	1.26	27.3	7.4	27.8	67.6	0.63
60～110	8.4	9.9	0.52	4.08	45.9	7.3	28.9	70.4	0.70

6.2.4 永南系（Yongnan Series）

土　族：壤质硅质混合型热性-石灰淡色潮湿雏形土
拟定者：杨金玲，张甘霖，李德成

分布与环境条件　主要分布在上海市崇明、浦东新区和奉贤，地形为沿江平原和滨海平原，海拔约 4 m；成土母质为河流冲积物；利用方式为旱作或者果园。北亚热带湿润季风气候，年均日照时数 2014 h，年均气温 15.7℃，年均降水量 1222 mm，无霜期 230 d。

永南系典型景观

土系特征与变幅　诊断层包括淡薄表层和雏形层；诊断特性包括潮湿土壤水分状况、氧化还原特征、石灰性和热性土壤温度状况。土体厚度 1 m 以上；淡薄表层厚度 10～24cm，之下为雏形层，整个土体均具有氧化还原特征，结构面有 2%～5%的锈纹锈斑和铁锰斑纹。层次质地构型为粉砂壤土-壤土-粉砂壤土。pH 为 7.5～9.0；碳酸钙相当物含量 10～55 g/kg，从表层向下逐渐增加，轻度-强度石灰反应；盐分含量低于 1.0 g/kg。

对比土系　新海系，同一土族，但 30 cm 以下土体开始出现氧化还原特征，整个土体均有强石灰反应。

利用性能综述　土体深厚，质地偏砂，耕性好，爽水透气，具有一定的保水供肥性能，有机质和氮素含量较低，氮磷钾含量较高。利用改良上应注意增施有机肥、农家肥和实行秸秆还田，以提高土壤肥力，改善土壤结构。增施化学氮肥，保证作物产量。

参比土种　旱作黄夹砂。

代表性单个土体　位于上海市崇明县中兴镇永南 8 队，31°32′24.0″N，121°46′31.5″E，沿江平原，海拔 4.0 m，母质为长江冲积物。旱地，轮作制度主要为小麦-玉米/花生。调查时间 2011 年 6 月，编号 31-005。

图6-12　永南系代表性单个土体剖面

Ap: 0～15 cm，灰黄棕色（10YR 6/2，干），灰黄棕色（10YR 4/2，润）；粉砂壤土，发育强的直径1～2 mm粒状结构，疏松；3～5个贝壳，3～5条蚯蚓，结构面有<2%的锈纹锈斑；轻度石灰反应；平滑清晰过渡。

Br1：15～35 cm，浊黄橙色（10YR 6/3，干），浊黄棕色（10YR 4/3，润）；壤土，发育中等的直径5～10 mm块状结构，坚实；结构面有2%～5%的锈纹锈斑；3～5个贝壳，3～5蚯蚓；中度石灰反应；平滑清晰过渡。

Br2：35～65 cm，浊黄橙色（10YR 6/3，干），浊黄棕色（10YR 4/3，润）；粉砂壤土，发育中等的直径10～20 mm块状结构，很坚实；结构面有2%～5%铁锰斑纹，1～3个贝壳；强度石灰反应；波状渐变过渡。

Br3：65～100 cm，浊黄橙色（10YR 6/3，干），浊黄棕色（10YR 4/3，润）；粉砂壤土，发育弱的直径10～20 mm块状结构，坚实；结构面有5%～10%铁锰斑纹，1～3个贝壳，强度石灰反应。

永南系代表性单个土体物理性质

土层	深度/cm	砾石（2mm，体积分数）/%	细土颗粒组成（粒径：mm）/（g/kg）			细土质地	容重/（g/cm³）
			砂粒 2～0.05	粉粒 0.05～0.002	黏粒 <0.002		
Ap	0～15	0	323	512	165	粉砂壤土	1.40
Br1	15～35	0	405	441	154	壤土	1.59
Br2	35～65	0	194	628	178	粉砂壤土	1.55
Br3	65～100	0	118	676	206	粉砂壤土	1.52

永南系代表性单个土体化学性质

深度/cm	pH	有机质/（g/kg）	全氮（N）/（g/kg）	全磷（P₂O₅）/（g/kg）	全钾（K₂O）/（g/kg）	阳离子交换量/（cmol/kg）	游离氧化铁/（g/kg）	CaCO₃/（g/kg）	易溶盐/（g/kg）
0～15	7.9	23.0	1.74	3.57	22.4	9.84	22.5	10.8	0.54
15～35	8.4	6.2	0.53	1.93	23.2	5.7	12.6	12.2	0.69
35～65	8.7	4.4	0.46	1.52	24.9	6.3	21.7	48.2	0.59
65～100	8.7	4.9	0.44	1.42	27.1	8.2	25.9	52.4	0.69

6.3 普通淡色潮湿雏形土

6.3.1 漕镇系（Caozhen Series）

土　　族：黏壤质硅质混合型非酸性热性-普通淡色潮湿雏形土
拟定者：杨金玲，张甘霖，杨　飞

分布与环境条件　主要分布在上海市闵行、宝山和嘉定，地形为沿江平原和湖沼平原，海拔约 4 m；成土母质为河湖相沉积物；利用方式为旱作或者果园。北亚热带湿润季风气候，年均日照时数 2014 h，年均气温 15.7℃，年均降水量 1222 mm，无霜期 230 d。

漕镇系典型景观

土系特征与变幅　诊断层包括淡薄表层和雏形层；诊断特性包括潮湿土壤水分状况、氧化还原特征、潜育特征和热性土壤温度状况。土体厚度 1 m 以上；淡薄表层厚度 25～40 cm，之下为雏形层，具有氧化还原特征，结构面有 2%～5% 铁锰斑纹或锈纹锈斑。层次质地构型为粉质壤土-粉砂质黏壤土。80 cm 土体具有潜育特征，泥糊状。pH 为 7.5～8.5；碳酸钙相当物含量 3～25 g/kg，自上而下逐渐减少，表层至 50 cm 具有轻度-中度石灰反应，50 cm 以下无石灰反应。

对比土系　高东系，同一土族，均为露天菜地，但高东系土体没有潜育特征。

利用性能综述　土体深厚，质地适中，耕性好，通透性好，爽水透气。有机质和全氮含量低，磷钾含量较高，保肥供肥性能一般。利用改良上应增施绿肥和农家肥，以提高土壤肥力，改善土壤结构，增施化学氮肥，保证作物产量。

参比土种　菜园沟干潮泥。

代表性单个土体　位于上海市闵行区漕镇红卫村，31°13′55.7″N，121°16′46.7″E，沿江平原和湖沼平原，海拔 3.5 m，母质为河湖相沉积物。菜地。调查时间 2011 年 11 月，编号 31-022。

Ap：0～22 cm，暗灰黄色（2.5Y 4/2，干），黑棕色（2.5Y 3/2，润）；粉砂壤土，发育强的直径 1～2 mm 屑粒状和碎块状结构，疏松；中度石灰反应；平滑清晰过渡。

AB：22～35 cm，暗灰黄色（2.5Y 4/2，干），黑棕色（2.5Y 3/2，润）；粉砂壤土，发育强的直径 5～10 mm 块状结构，坚实；轻度石灰反应；波状渐变过渡。

Br1：35～48 cm，暗灰黄色（2.5Y 4/2，干），黑棕色（2.5Y 3/2，润）；粉砂壤土，发育强的直径 10～20 mm 块状结构，坚实；结构面有＜2%的锈纹锈斑；轻度石灰反应；平滑清晰过渡。

Br2：48～80 cm，暗灰黄色（2.5Y4/2，干），黑棕色（2.5Y 3/2，润）；粉砂壤土，发育中等的直径 10～20 mm 块状结构，很坚实；结构面有 2%～5%的铁锰斑纹，土体中有 2%左右直径 2～3 mm 褐色软小铁锰结核；清晰波状过渡。

Cg：80～110 cm，黑棕色（2.5Y 3/2，干），黑棕色（2.5Y 3/1，润）；粉砂质黏壤土，糊泥状；2%左右的铁锰斑纹。

漕镇系代表性单个土体剖面

漕镇系代表性单个土体物理性质

土层	深度/cm	砾石（2mm，体积分数）/%	细土颗粒组成（粒径：mm）/（g/kg）			细土质地	容重/（g/cm³）
			砂粒 2～0.05	粉粒 0.05～0.002	黏粒 ＜0.002		
Ap	0～22	0	155	646	199	粉砂壤土	1.31
AB	22～35	0	120	667	213	粉砂壤土	1.49
Br1	35～48	2	95	676	229	粉砂壤土	1.51
Br2	48～80	2	69	717	214	粉砂壤土	1.55
Cg	80～110	0	61	637	302	粉砂质黏壤土	1.49

漕镇系代表性单个土体化学性质

深度/cm	pH	有机质/（g/kg）	全氮（N）/（g/kg）	全磷（P_2O_5）/（g/kg）	全钾（K_2O）/（g/kg）	阳离子交换量/（cmol/kg）	游离氧化铁/（g/kg）	$CaCO_3$/（g/kg）	易溶盐/（g/kg）
0～22	7.9	24.6	1.56	3.43	26.8	14.5	25.4	20.9	0.54
22～35	8.1	16.9	1.24	2.46	27.1	14.5	25.1	6.2	0.57
35～48	8.1	13.8	1.11	1.89	28.0	15.0	24.5	8.9	0.52
48～80	7.9	8.9	0.82	1.41	30.1	16.7	29.6	3.4	0.53
80～110	7.9	11.9	0.71	1.31	31.5	20.5	41.9	3.3	0.57

6.3.2 高东系（Gaodong Series）

土　　族：黏壤质硅质混合型非酸性热性-普通淡色潮湿雏形土
拟定者：杨金玲，赵玉国，李德成

分布与环境条件　主要分布
在上海市浦东新区、奉贤、
崇明、金山和宝山，地形为
沿江平原和滨海平原，海拔
约 3 m；成土母质为河流冲积
物；利用方式为旱作或者果
园。北亚热带湿润季风气候，
年均日照时数 2014 h，年均
气温 15.7℃，年均降水量
1222 mm，无霜期 230 d。

高东系典型景观

土系特征与变幅　诊断层包括淡薄表层和雏形层；诊断特性包括潮湿土壤水分状况、氧
化还原特征和热性土壤温度状况。土体厚度 1 m 以上；淡薄表层厚度 10～24 cm，之下
为雏形层，具有氧化还原特征，结构面有 2%～5%的铁锰斑纹。通体为粉砂壤土。pH 为
7.5～8.5；30 cm 以下土体有石灰反应，盐分含量＜2g/kg。
对比土系　漕镇系，同一土族，均为菜地，但漕镇系 80 cm 以下土体具有潜育特征。
利用性能综述　土体深厚，质地适中，耕性好，通透性好，土壤养分含量较高，保肥供
肥性能好。利用改良上：①发展灌溉；②深耕，增施绿肥，以提高土壤肥力，改善土壤
结构。
参比土种　菜园黄泥
代表性单个土体　位于上海市浦东新区高东镇永新村，31°18′40.8″N，121°39′20.8″E，沿
江平原，海拔 3.0 m，母质为长江冲积物。露天菜地。调查时间 2011 年 11 月，编号 31-041。

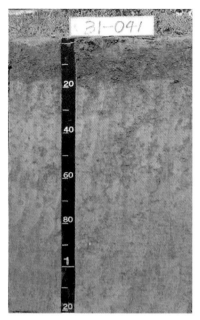

Ap: 0~20 cm，浊橙色（7.5YR 6/4，干），浊棕色（7.5YR 5/4，润）；粉砂壤土，发育中等的直径1~2 mm粒状结构，疏松；平滑清晰过渡。

Br1: 20~33cm，浊橙色（7.5YR 7/4，干），浊橙色（7.5YR 6/4，润）；粉砂壤土，发育中等的直径5~10 mm块状结构，稍坚实；结构面有<2%的铁锰斑纹；波状渐变过渡。

Br2: 33~58 cm，浊橙色（7.5YR 7/4，干），浊橙色（7.5YR 6/4，润）；粉砂壤土，发育中等的直径10~20 mm块状结构，很坚实；结构面有2%左右铁锰斑纹；轻度石灰反应；波状渐变过渡。

Br3: 58~120 cm，浊橙色（7.5YR 7/4，干），浊橙色（7.5YR 6/4，润）；粉砂壤土，发育中等的直径10~20 mm块状结构，坚实；结构面有2%~5%铁锰斑纹；中度石灰反应。

高东系代表性单个土体剖面

高东系代表性单个土体物理性质

| 土层 | 深度/cm | 砾石（2mm，体积分数）/% | 细土颗粒组成（粒径：mm）/（g/kg） | | | 细土质地 | 容重/（g/cm³） |
			砂粒 2~0.05	粉粒 0.05~0.002	黏粒 <0.002		
Ap	0~20	0	57	695	248	粉砂壤土	1.24
Br1	20~33	0	49	724	227	粉砂壤土	1.49
Br2	33~58	2	70	677	253	粉砂壤土	1.62
Br3	58~120	2	43	698	259	粉砂壤土	1.54

高东系代表性单个土体化学性质

深度/cm	pH	有机质/（g/kg）	全氮（N）/（g/kg）	全磷（P₂O₅）/（g/kg）	全钾（K₂O）/（g/kg）	阳离子交换量/（cmol/kg）	游离氧化铁/（g/kg）	CaCO₃/（g/kg）	易溶盐/（g/kg）
0~20	7.5	35.5	2.19	4.20	27.5	16.8	23.5	2.78	0.94
20~33	7.9	17.4	1.23	1.81	27.9	14.2	23.6	3.82	1.18
33~58	8.1	8.6	—	1.60	27.4	11.5	25.7	13.1	0.90
58~120	8.3	5.5	0.48	1.34	26.9	9.7	25.3	43.7	0.82

第7章 新 成 土

7.1 潜育潮湿冲积新成土

7.1.1 屏东系〔Pingdong Series〕

土　族：壤质硅质混合型石灰性热性-潜育潮湿冲积新成土
拟定者：杨金玲，赵玉国，张甘霖

分布与环境条件　主要分布
在上海市崇明、宝山和浦东
新区等地的河口两侧的堤外
潮间带，地形为沿江平原和
滨海平原，海拔约 1 m，成土
母质为河流冲积物，荒地或
林地。北亚热带湿润季风气
候，年均日照时数 2014 h，
年均气温 15.7℃，年均降水
量 1222 mm，无霜期 230 d。

屏东系典型景观

土系特征与变幅　诊断层包括淡薄表层；诊断特性包括冲积物岩性特征、潮湿土壤水分
状况、氧化还原特征、潜育特征、热性土壤温度状况和盐积现象。土体厚度 1 m 以上；
土体构型为 A-C，10 cm 以下冲积层理明显。受长江水的影响，氧化还原特征明显，结
构面有 2%～10%的锈纹锈斑。65 cm 以下土体呈泥糊状，潜育特征明显。层次质地构型
为粉砂壤土-壤土-粉砂质黏壤土-粉砂壤土。pH 为 8.0～9.5；土体碳酸钙相当物含量较
高，50～70 g/kg，具有强石灰反应；易溶盐含量 1～5 g/kg，有自表层向下增加的趋势。
对比土系　沿港系，地形部位和成土母质一致，空间位置相近，均具有盐积现象，但沿
港系潜育特征出现的上界在 50 cm 以上，为潜育土。大椿系，位于同一乡镇，空间位置
相近，不同土纲，为水耕人为土。
利用性能综述　土体深厚，质地适中。近河口地段，潮汐侵渍频繁，土体爽漏，有机质、
氮素和磷素含量很低，一旦围垦，土壤脱盐较快，是较好的后备农业土壤资源，但为宝
贵的湿地资源，暂不宜转为他用。
参比土种　潮间盐化土。

屏东系代表性单个土体剖面照

代表性单个土体　位于上海市崇明县竖新镇屏东七队，31°37′03.8″N，121°43′28.3″E，沿江平原，海拔 1.0 m，母质河流冲积物。幼林地，稀疏幼林地，覆盖度＜15%。调查时间 2011 年 6 月，编号 31-009。

A: 0～6cm，浊黄色（2.5Y 6/4，干），黄棕色（2.5Y 5/4，润）；粉砂壤土，单粒状，疏松；5～8 条/dm² 芦苇根系；强度石灰反应；平滑清晰过渡。

Cr1: 6～40cm，浊黄色（2.5Y 6/4，干），黄棕色（2.5Y 5/4，润）；粉砂壤土，疏松；沉积层理明显，5～8 条/dm² 芦苇根系，有＜2%的锈纹锈斑；强度石灰反应；平滑清晰过渡。

Cr2: 40～67cm，浊黄色（2.5Y 6/4，干），黄棕色（2.5Y 5/4，润）；壤土，稍坚实；沉积层理明显，1～3 条/dm² 芦苇根系，有＜2%的锈纹锈斑；强度石灰反应；平滑清晰过渡。

Cg1: 67～110cm，暗灰黄色（2.5Y 4/2，干），黄灰色（2.5Y 4/1，润）；粉砂质黏壤土，泥糊状；沉积层理明显，有 5%～10%的锈纹锈斑；强度石灰反应；平滑清晰过渡。

Cg2: 110～130cm，暗灰黄色（2.5Y 4/2，干），黄灰色（2.5Y 4/1，润）；粉砂壤土，泥糊状，沉积层理明显，有 5%～10%的锈纹锈斑；强度石灰反应。

屏东系代表性单个土体物理性质

土层	深度/cm	砾石（2mm，体积分数）/%	细土颗粒组成（粒径：mm）/（g/kg）			细土质地	容重/（g/cm³）
			砂粒 2～0.05	粉粒 0.05～0.002	黏粒 ＜0.002		
A	0～6	0	313	561	126	粉砂壤土	1.30
Cr1	6～40	0	355	522	123	粉砂壤土	1.36
Cr2	40～67	0	472	429	99	壤土	1.42
Cg1	67～110	0	112	573	315	粉砂质黏壤土	1.32
Cg2	110～130	0	248	588	164	粉砂壤土	1.32

屏东系代表性单个土体化学性质

深度/cm	pH	有机质/（g/kg）	全氮（N）/（g/kg）	全磷（P₂O₅）/（g/kg）	全钾（K₂O）/（g/kg）	阳离子交换量/（cmol/kg）	游离氧化铁/（g/kg）	CaCO₃/（g/kg）	易溶盐/（g/kg）
0～6	9.1	8.6	0.52	1.37	25.8	4.9	19.2	56.5	1.05
6～40	8.4	5.2	0.28	1.29	25.3	4.7	19.4	69.5	2.69
40～67	8.7	3.6	0.22	1.40	24.1	3.7	16.5	54.7	4.94
67～110	8.1	19.8	1.02	1.72	33.1	15.6	45.9	61.2	4.54
110～130	8.4	9.7	0.48	1.37	27.1	6.4	23.9	66.2	3.42

参 考 文 献

冯学民, 蔡德利. 2004. 土壤温度与气温及纬度和海拔关系的研究. 土壤学报, 41(3): 489-491.

傅明华, 李正毅, 汪超俊, 等. 1979. 上海地区土壤发生发育的初步研究. 上海农业科技, (2): 1-4.

龚子同. 中国土壤系统分类进展. 1993. 北京: 科学出版社.

龚子同, 陈志诚. 1999. 中国土壤系统分类: 理论·方法·实践. 北京: 科学出版社.

林兰稳, 余炜敏, 钟继洪, 等. 2009. 珠江三角洲水改旱蔬菜地土壤特性演变. 水土保持学报, 23(1): 154-158.

潘贤章. 2005. 城市扩展监测, 模拟与预测——以上海市为例. 南京: 中国科学院南京土壤研究所.

上海市统计局. 2013. 上海统计年鉴 (2013). 北京: 中国统计出版社.

上海市土壤普查办公室. 1990. 上海土壤.

叶培韬. 1985. 水改旱对若干土壤性状的影响. 湖北农业科学, (8): 18-19.

张甘霖. 2001. 土系研究与制图表达. 合肥: 中国科技大学出版社.

张甘霖, 龚子同. 2012. 土壤调查实验室分析方法. 北京: 科学出版社.

张甘霖, 王秋兵, 张凤荣, 等. 2013. 中国土壤系统分类土族和土系划分标准. 土壤学报, 50(4): 826-834.

张慧智, 史学正, 于东升, 等. 2009. 中国土壤温度的季节性变化及其区域分异研究. 土壤学报, 46(2): 227-234.

中国科学院南京土壤研究所土壤系统分类课题组. 中国土壤系统分类课题研究协作组. 2001. 中国土壤系统分类检索. 3 版. 合肥: 中国科学技术大学出版社.

周睿, 潘贤章, 解宪丽, 等. 2013. 城市化进程对土壤表层有机碳库的影响——以上海市为例. 土壤通报, 44(5): 1163-1167.

(P-2985.01)

ISBN 978-7-03-048229-7